在職進修系列②

在職進

教我的18堂課

鐘志明　著

【個人簡歷】

學歷：國立高雄科技大學電子工程研究所（企業管理組）博士

現職：華泰商業銀行 台南分行 經理

教職：國立高雄科技大學 企業管理系 兼任助理教授
　　　暨 碩士學位考試委員

公益：鐘炳輝先生紀念獎學金 管理人
　　　金融監督管理委員會銀行局 金融常識宣導講師
　　　財團法人臺灣更生保護會 橋頭分會 顧問

信箱：cm1588@ms32.hinet.net
　　　70592cm@nkust.edu.tw

【我的在職歷程】

· 台新銀行高雄分行 工讀生（1995）、助理員（1996）
· 中華票劵金融公司高雄分公司 雇員（1997）
· 台新銀行七賢分行 辦事員（1997）、領組（1998）
· 台新銀行南區企業金融中心 資深領組（2000）
· 中華銀行前鎮分行 二等襄理（2001）、一等襄理（2002）
· 中華銀行消費金融部南區作業中心 副理（2003）、經理（2004）
· 中華銀行消費金融部 副理（2005）
· 台灣中小企業銀行消費金融部 副理（2005未報到）
· 中華銀行信用卡部 經理（2005）
· 元大銀行金門分行 經理（2008）
· 華泰銀行高雄分行帳務主管（2012）、存匯主管（2013）、授信主管（2016）、高級專員（2018）
· 華泰銀行彰化分行 經理（2017）
· 華泰銀行北高雄分行 經理（2019）
· 華泰銀行台中分行 經理（2019）
· 華泰銀行台南分行 經理（2021）

【我的進修歷程】

國小：高雄縣燕巢國小 畢業

國中：高雄縣燕巢國中 畢業

高中：陸軍士官學校常備士官班 第40期 畢業（比敘高中畢業）

專科：國立高雄工商專科學校二專夜間部 企業管理科 畢業

大學：國立高雄應用科技大學進修學院 企業管理系 畢業

研究所：國立高雄第一科技大學 風險管理與保險研究所 碩士在職專班 畢業

國立高雄科技大學 電子工程研究所（企業管理組） 博士班 畢業

致謝

本書獻給「中華民國國軍退除役官兵輔導委員會」，
感謝貴會提供獎助學金，讓自部隊退伍的我，
能夠開創出屬於自己的一片天。

推薦序1

　　志明的第二本書《在職進修教我的18堂課》很快即將付梓。與他相識近30年，一路見證了他透過在職進修的成長與蛻變，本人可說是一個實際的見證者。

一、在職進修結師生緣

　　志明是本人於民國83年任教夜間部二專學制導師班學生，當時只知道志明是軍人退伍，爲非商管類高職學生背景，白天在銀行工作。經過夜間三年（早期夜二專需要讀三年）的進修結束後，剛好學校從高雄工商專科改制爲科技大學，成立了二技學制。志明把握機緣繼續在職進修，成爲系上第一屆進修學院二技班的學生（前三屆學生二技學制也要讀三年）。

　　志明在職進修的精神完全沒有中斷，在系上還沒有成立碩專班時，他又申請至高雄科大第一校區繼續在職進修（併校前之第一科大）。碩士班畢業後，因爲系上有博士生名額，志明再次回到母校進修，也成爲本人指導的博士生。志明的持續進修，造就了我們兩人的師生緣分與互動關係而延續至今，這個亦師亦友的情誼，是個人教書生涯中一個很重要的肯定與欣慰。

　　志明在學習上幾乎完全沒有中斷，學習已是他的DNA。此

書的核心價值就是在職進修可帶給人什麼價值，在志明的身上展露無疑，透過他的分享，希望讓更多人能受益。

二、功不唐捐的實踐者

志明讀博士班期間，因他的特質喜歡寫文章、小說，我們商討後，決定以質化研究進行博士論文的撰寫。但個人是量化研究為主，實無質性研究的經驗，兩個師徒只好從頭學起，從基本功練起，記得當時就先運用紮根理論練習逐字稿的整理。志明會從最小的地方，逐步學習，一步一腳印地做，固定一段時間就完成一些文章，再進行討論。

我們的meeting是一種對話，就志明所寫的文章內容，提供個人的想法與見解，所以對我而言也是一種學習。在投稿的過程，一直被退稿，但志明並沒有被打敗（在他書中的〈與壓力共舞〉、〈活在當下、把握當下〉有很清楚的分享），他持續慢慢地寫，慢慢的精進文章的內涵。學術研究的過程是思考與邏輯的訓練，只要不放棄，終會練就一身好功夫「他的心智圖是一絕」，內化成為隨手可得的一種能力。本書中隨手可得的小故事，對志明而言，都可以發掘出其背後的意涵，並與理論相呼應。這種能力我都自嘆不如了，實在很高興青出於藍勝於藍，真的以他為榮。

三、思考與智慧的提升者

志明透過大量的閱讀，持續地進行研究，不斷的提升其思考與反思的能力。每次研究生口試時，志明總會提供一些令人意想不到的建議，讓人眼睛為之一亮。這些在此書中，如〈解決痛點、即是亮點〉、〈尋找自己生命的目標〉、〈一場持之以恆的試煉〉等，都可看出他的智慧。且志明非常樂於分享，教導學弟妹們如何進行研究，在〈享受求知的樂趣〉中的故事情境，就是以他自己的親身經驗來引導學弟妹。他常常在生活中運用自己的智慧，是一個高智能的解決問題者。

志明自大學畢業後，就持續回饋系上，提供獎助學金，希望協助系上同學能持續向學。

本人閱讀其第15堂課〈投資自己、投資人生〉，方得知他如何將資金做更有意義的運用「財佈施」。如今，出書分享他從在職進修過程中所學習到的知識，養成思考的習慣，提升智慧的新法等，是一種影響更大的文字佈施。期待有機會讀到此書者，皆能心領神會，且成為一個實踐者。

國立高雄科技大學企業管理系教授 楊敏里
（前 進修推廣處處長、企業管理系系主任）

7/10/2023 於 台灣高雄

從生活中解讀隨手可得的生命智慧

個人欣見、但也不意外，志明在《贏在人生終點》之後，第二本書《在職進修教我的18堂課》的誕生。我認為閱讀一本書時，其實也在解讀作者的生命故事。因此，要深入了解一本書的內容與精髓，得先了解其作者。

我與志明結緣的淵源，起因於博士班的指導關係。我認為，若要了解此書的精髓，必須先理解志明本人。總結而言，他具有三個明顯的特質：

持續「在職」進修：

「在職進修」是志明的一個突出特質，然而對於志明來說，「在職」這個詞更像是假設條件。實際上，他就是一個隨時隨地、持續「進修」的人。他始終能專注於學習上，半工半讀的本質就是持續進修。他不斷精進自己的作品，我也相信他將會繼續創作出更多作品。「進修」意味著「時間花在哪裡、成就就在哪裡！」

外表智障、內在智慧：

志明的第二個特質是外表智障、內在智慧。我的意思是，即使他拿着傳統智障型手機，但因爲智慧聚足，其業績總是名列前茅。他沒有使用LINE或FB；更能開採內在的智慧；例如，我想要傳送資料給他時，必須透過他的妻子轉發。他把研究的精神融入創作中，當你在閱讀這本書時，你可以深刻感受到他「投入研究、積累智慧」的過程，這本書所呈現的，正是他所悟得的智慧。

感恩、惜福的人：

志明是一位感恩且惜福的人。感恩與惜福使志明充滿創作的能量。近期，我研究量子管理，探索「如何從心靈的頻率，共振出正能量」。我在志明的思惟和行爲中，見證了量子管理的實例。即使我們的指導關係已經完成，但他仍舊帶著感恩的心與我持續互動，這樣的感恩態度總是讓我心存感謝。

最終，我跟志明的緣分源自論文；但論文只是表象，更深層的意義是研究，而研究更深層的本質是生活。回顧2023年，當許多政治人物通過代寫或抄襲完成論文時；我卻看到志明「超越論文的範疇，不僅把它視爲研究，又在跳脫研究而將研究精神融入生活裡」。志明「從論文、研究、再到生活」這樣的探索精神，是實務界及研究者們值得學習的典範。

當你細細品讀這18章時，可靜心感受到志明如何將研究精神融入「生意、生活與生命」這三生之中，通過這18篇質化研究的分享，我也學習到「如何從生活中解讀隨手可得的智慧」。

實踐大學國際貿易系教授暨系主任 李慶芳

6/30/2023 於 台灣高雄旗山

推薦序3

　　如果《贏在人生終點》是座橋梁，那麼，《在職進修教我的18堂課》就是橋柱，確保橋梁有最穩固的靠山。前者揭櫫在職進修學制的實用性，後者則鼓勵思考的價值，儘管出發點不同，但不變的是，兩本書都是藉由志明兄細膩的人生觀察，為讀者指引出橋樑式銜接的學習路徑，不論在學校、職場或生活都受用。

　　綜觀志明兄資歷，高中從軍、二專畢業、大學念進修學院、碩士在職專班，直到榮獲國立大學的博士學位，本身就是打破傳統教育的制式框架，憑自己的努力找到屬於自己的核心價值。就我對於本書的觀察，志明兄的核心價值有三點值得學習：

一、深層思考解決問題：

　　志明兄擅長以多面向的角度看事物，進而想方設法尋求問題的解決，如〈與壓力共舞〉，巧妙運用借力使力、負負得正，以及關關難過關關過的技巧，分享如何透過分析找到對策。又如〈職場的交響樂團〉，志明兄帶出「好的管理者重協調……就像交響樂團的指揮……」的觀念，帶領讀者思考人與組織的問題與提升調和鼎鼐的能力。

二、學習力接軌實戰力：

基層做起的志明兄，懂得在職進修全方位學習，進而將所學貢獻到職場，再從職場回歸校園與莘莘學子分享，如此「投入—學習—付出—再學習」的良性循環，把學習內建在職場上，這也正是在職進修對於個人成長的重要見證。

三、人性出發的管理學：

人性化管理，是志明兄處事與處世的基本原則。從文章中看得出來，對內，他與同事之間的相處是有方法的，如〈人性化管理突破盲點〉中，他認為在管理數字之外，尚須考量人性因素，以免形成管理上的盲點；對外，他對拓展業務更是有一套，如〈從識人開始的業務心法〉，他把顧客分成六種型態，一來縮短溝通時間，二來可以掌握溝通節奏。

上述是我對於本書的概觀，在七萬多字的集合字庫中，其實有數不盡的實用技巧可以自由組合運用，為日常的節點、生涯轉彎處或是難題當前的困境，給予適度的觀念鬆綁與正向回饋，當然也有許多小故事令人省思，是一本既可放眼全局又能見微知著的美好作品。

正因如此，志明兄每每投稿《經濟日報》經營管理版，總是贏得許多讀者的共鳴，猶如構築一座擁有堅固橋柱的大橋，為大眾從迷的此岸步向悟的彼岸。在新書出版之際，個人有幸先睹為

快，在表達祝賀予以肯定之餘，特綴數語予以推薦。

《經濟日報》出版總監兼經營管理版主編 楊東庭
5/26/2023於台北市

做一個永遠不畏生活困頓的工讀生

　　轉眼，出版第一本書《贏在人生終點：選擇在職進修，走一條風景不同的人生道路》已經過了3年。這些年來感謝許多長輩、老師、同事、朋友、學生與讀者們的支持，提供我繼續寫作的動能。

　　首先，最讓我感動的還是許多讀者的來信，尤其是就讀高工以及高職的年輕學子們，另外還有一些上班族，他（她）們來信詢問在職進修的問題、還有讀書的方法、以及如何讓自己可以靜下心來等等，五花八門的問題。另外，還有買我的書送給學生的老師們，謝謝你們的支持、鼓勵與回饋。尤其是因為看了我的書，進而燃起繼續升學（半工半讀）鬥志之類的分享，格外讓我感到相當欣慰。有了你們的鼓勵，也更加強我分享在職進修經驗的使命感。

　　其次，以前的我一直告訴自己，絕對不會一輩子，只是當一個工讀生。現在的我一直提醒自己，千萬不要忘了自己，也曾經也是一名工讀生。也因此，每每在餐廳用餐或是在美髮店洗頭時，我對於工讀生都格外的尊敬。俗話說：「樹高萬丈別忘根，人若輝煌莫忘本。」因為我當過工讀生（職場的底層），所以看盡人情冷暖，也磨練出爛命一條的韌性。也因為有過這一段在職

進修的經歷，讓我更加深深體會出，許多思考的方法與人生的道理，進而豐富了我的人生觀與視野。

最後，我的新作《在職進修教我的18堂課》，我在這本書中，更進一步地分享了一些我的求學經歷與思考脈絡，尤其是對於讀者們所提出想要了解，關於研究所部分的經驗談，本書也從善如流著墨不少。希望本書的讀者們，也能夠從在職進修的過程中，找出屬於自己的一片天。

總之，人生的旅途中，選擇不一樣的道路，就有不一樣的風景。沿途的景色是否優美，完全取決於當事人的心境，不需要與人比較，也不需要自怨自哀。人家開敞篷跑車，我們騎摩托車，一場雨下來，大家不都一樣變成落湯雞，唯一不同的就是心境。

鍾志明

5/01/2023於高雄‧燕巢‧鳳山厝

【自序】做一個永遠不畏生活困頓的工讀生

目錄 CONTENTS

人生隨著年齡的增長，
就是不斷地學習放下、放下、放下。

【第1堂课】
放下與捨得的減量哲學

　　俗話說：「人到無求品自高」。然而，從「有」變成「無」，在現實之中並不容易，或許正如《資治通鑑》所言：「由儉入奢易，由奢入儉難」的道理。而也正是「難」，更是能夠磨練出我們的生活態度與意志。回頭想起來，擁有太多，有時候反而是一種負擔，例如朋友太多，紅包、白包也就跟著多，最終還是傷了自己的荷包；又例如收藏品多了，成天煩惱這一組少了一個、那一組擔心被被偷或摔壞，日子越過越痛苦。

　　到頭來才發現，這些煩惱都是自尋的。人生過了五十歲之後，才開始慢慢體會出這些道理，像是選擇「吃到飽」的餐飲方式，對身體的負擔，根本就是花錢在摧殘自己的身體等等；像是工作也是，有人日以繼夜全年無休，全心全意投入工作，然後身體無法負擔，到頭來全身都是病。我從在職進修的過程中，學會如何在工作與生活中取得平衡，因此，在職進修就是一種很好的修練場。

學習「放下」的生活智慧

　　人生在世，到頭來才會發現，什麼也帶不走。人生放不下

的東西太多了，而這一些往往都是「選擇」的問題，每個人想要過什麼樣的人生，不也是自己的選擇，有人選擇自暴自棄向下沉淪；卻也有人發奮圖強力爭上游，所以說一個人對於自己，肯定有絕對的選擇權，只是選擇的問題。

過去，我一直認為想要某一樣東西，一定要靠自己去爭取，東西不會憑空而降，所以我要認真、要努力。然而，最後事與願違的時候，心情往往會跌落谷底，然後緊接而來的，就是開始批評體制與憤世忌俗。例如職場上的升遷，明明你的績效與表現就比別人好，主管們也都看好你，對你的表現讚譽有加，結果獲得晉升者，卻是大家公認的爛人。試想，如果今天是您獲得升遷，別人是不是也這麼看您呢？那麼究竟誰才是這家公司裡的爛人？能夠如此想，相信您就會通了。

現在，我認為這是一種磨練自己的機會，我想要跟社會新鮮人，或是也遭遇到相同處境的在職進修者分享。由於長年在職進修的緣故，讓我體會到「放下」這件事，在職進修的好處，就是能夠養成閱讀與思考的習慣，當你閱讀的習慣養成之後，閱讀的深度就會增加，再來就是可以促進思考的能力。還記得我在擔任銀行分行經理的時候，有一次，送了一個放款的案子到總行去審查，審查人員百般刁難，一再質疑這個客戶的財務報表，在經過多次溝通無效後，我終於爆出火氣，與在電話另一端的審查員對罵。那一天下班後，我的腦海中一直想著，明天要怎麼對付他！這個傢伙肯定是故意要找我麻煩！總行的這些幕僚，根本就不管分行的死活！等等這些負面的情緒與思維緊緊地纏住我。這一股

執著的念頭，一直如影隨形地在我的腦海中，不但對自己是種桎梏，我相信同時也不斷地折磨著對方。

　　於是我到學校的圖書館，靜下心來，開始閱讀「勵志書籍」與「佛經」，透過閱讀來「轉念」，藉由對於書籍內容的思考，來對照此時此刻心境的方式。經過一本又一本的閱讀，我終於體會出「紅塵本無事、庸人自擾之」的道理。一個禮拜後，最後我選擇「放下」自己的執著，邁開步伐繼續往前走。我打了一通電話向那位審查員道歉，對方也在電話裡向我道歉，雖然這個案子終究還是被緩議（沒過關的意思）。經過這件事讓我領悟到：「吵架沒好話！」的道理。從那次開始，我不再將審查員的意見當作刁難，而是感謝；謝謝他們幫我們在第一線看緊風險，以確保我們的戰功（不會被倒帳）。演變成現在，只要有同仁向我反映，哪個案子又是因為審查員，亂加條件而做不成的時候，我就會告訴他說：「那再找新案子吧！我們單位的業務能力那麼好，沒有差那一件啦！」

　　另外，我想要舉一個選擇「放不下」的案例。當時我還只是一個銀行的襄理，有一年我被人寫了黑函投訴，這封黑函被寄到總行的稽核處，內容大概是說我收了客戶的好處，讓客戶的貸款順利過關之類的。於是，台北總行派了一名稽核人員來分行，指定查核我過去一年承辦的所有授信案。一周後，我收到總稽核親自寄給我的一封信，告知我查核結果，是有人惡意中傷我，而且神奇的是，這位稽核竟然還查出這封黑函是誰寫的。原來這位稽核從黑函內容中的措辭、錯字甚至段落等習慣，竟然比對出一名

【第1堂課】放下與捨得的減量哲學

可疑的同事，經過總稽核親自約談後，當事人承認這封黑函是他寫的，原因就是看不慣我比他更早升上襄理的職務，最後這位同事就自請辭職了。我想這位同事就是放不下心中那股怒氣，又無處宣洩，才會想要用這種方式，殊不知舉頭三尺有神明。

學習「捨得」的生活智慧

在職進修的人通常財務自主性較高，主要還是因為有收入來源，也因此，通常比較不會小氣。我覺得「金錢」上的捨得是最廉價的，有時候面子上的「捨」，反而是裡子上的「得」。在我還是銀行房屋貸款業務員的時候，我發現「請客」是有學問的，尤其是拿到獎金時候，我喜歡把這種行為稱為「分享」，感謝大家的幫忙我才能拿到這筆獎金。而請客的學問就在這裡，在職場上的工作性質中，通常有「前勤」與「後勤」的區別，前勤通常是負責招攬業務的外務工作，因此，達成業務目標就會有業務獎金的發放；後勤則是負責各項行政與文書性質，屬於固定底薪的內勤工作。在職場上，一般人都認為這兩種人井水不犯河水，其實不然。我的經驗是，當業務人員將領到的獎金，拿出一部分給後勤人員吃下午茶或聚餐，通常我的客戶後續都會被「侍候」的服服貼貼，也就是說當客戶需要售後服務的時候，我都不必分心去處理，銀行裡面的內勤同事自然會幫我處理，我只要專心去衝我的業務即可，如此一來，獎金自然是越來越多。其他的業務人員，可就沒有我那麼幸運了，有道是：「江湖一點訣，說破不值

一文錢」，道理雖簡單，能做的人卻不多。

　　記得我在元大銀行金門分行擔任分行經理的時候，經常都要購買一些金門的地方名產，餽贈台灣的親朋好友。每當店家主動要幫我打折時，我都會當場拒絕，並且補上一句：「打折是給客人的，我們是自己人不必啦，不然下次我就不來了！」結果這些店家都成為我們銀行的忠實客戶。試想，買一包貢糖打折下來能省多少錢？店家多放一點活期存款在我們銀行（存款是銀行的成本，對銀行而言，活期存款要付給存款人的利息比定期存款來得低），我再借給總行去放款，那個利差才可觀呢！只要想通這個邏輯，相信我，你就不會想要客戶給你打折。

　　最難的還是金錢以外的「捨」，如何學習這種智慧，我覺得在職進修的過程，基本上就是一種「捨」的訓練：「捨去玩樂的時間，換來充實的時間；捨去無謂的應酬，換來健康的身體；捨去無知的體悟；換來清澈的思維」。或許讀者們會認為我過度美化在職進修，而我只能說，這一些都只是我的經驗分享，我無法保證每個選擇在職進修的人，都能夠產生這些體會。我的經驗是，透過這些學習捨棄的過程，你會開始學會真正的思考，並且從中領悟並懂得選擇，究竟什麼才是真正對自己有利的。透過一連串的捨去雜質而去蕪存菁，相信最後您一定會發現，留在我們心中的喜悅，絕對不會是我們肉眼看得見的「物質」與「享受」。

　　其實，在職進修橫跨「產業」與「學校」的兩端，是最能縮短學用落差的模式，當然也可以從中體會出，「閱讀」與「人

【第1堂課】放下與捨得的減量哲學

生」的道理。我經常喜歡跟我的學生們分享，我最近又讀了哪一本書？我的心得是什麼？很高興的是，我的學生們也經常喜歡問我：「鐘老師，您還有沒有推薦的書？」這代表他們聽進去了。對我而言，「捨」了休息時間，到大學兼任教職，所獲得的金錢對價雖遠不及職場，然而，我從學生身上獲得的互動，卻是一種無法衡量的價值。尤其是對於橫跨產學兩端的我而言，這樣的場域剛好可以用來證明，我一直以來的信念，那就是：「透過學，真的可以致用！」也就是讀書有用論，這就是我的「得」。

「減量」的生活哲學

我覺得「放下」與「捨得」都是一種「減量」的思維。大家應該都有過東西太多的經驗，例如衣服越買越多、鞋子越買越多等等。一段時間之後，才發現衣櫥滿了，鞋櫃也滿了，於是開始丟棄過季的、老氣的、不能穿的等等。經過這一連串的「減量」後，回頭反思，才驚覺其實這些都是自作自受。若能藉此修正原本的習性，在購物或是爲人處事，行動前多一份思考，相信就不會重蹈覆轍，生活也就可以過得更加輕鬆自在。如同《東萊博議》所云：「縱其欲，而放使之；養其惡，而使成之。」這一切的誘惑與陷阱，端看我們能否察覺。

以中年男人如何控制腰圍來說。美國有一個電視影集叫「沉重人生」，內容是講述體重超重者的減肥過程，甚至是醫生進行手術時，割除脂肪的實際鏡頭，畫面相當的震撼。爾後每每美食

當前時，總會聯想起該影集的內容，此時莫不在腦海中提醒自己，必須節制口腹之慾，就是一例，有一句廣告詞是這麼說的：「小時候幸福很簡單，長大後簡單很幸福。」

　　我覺得，透過「減量」的思維，可以提供我們一個反思的機會，並且從中體會出人生的另一種意涵，那就是：「需要的不多，想要的太多」。

【第1堂課】放下與捨得的減量哲學

懂得思考的人生，

才能體會出人生的美好與無限想像。

在職進修教我的18堂課

【第2堂课】
思考的層次

　　我在大學兼課教書已經超過15年了，每次下課前5分鐘，我都會習慣性問一句：「對於今天的課程內容，有沒有同學要提問的？」回應我的通常是一陣收拾書包的聲音。我感覺到，同學們是缺乏求知的熱忱，連問都懶得問？還是欠缺邏輯思考的能力？或許是我太武斷，也或許是我太敏感了，往下一想，這或許跟我們的教育方式有關，也或許跟時代變遷下價值觀的扭曲有關。但不論如何，缺乏求知慾與思考能力是很危險的一件事，不論是對個人、家庭或是社會國家而言，都是不可忽略的一個重要的議題。

　　我們從小到大，從家庭到學校再到職場，逐漸形成了獨自的人生觀和價值觀，最後成為一個獨立思考的個體。可以說思考能力的形成過程，同時也是一個人內心成長的歷程。如何在這個歷程當中，培養出邏輯思考能力，尤其是提高深度思考能力，將成為未來的競爭力指標。善於思考的日本學者大前研一先生，在其著作《思考的技術》一書中就曾提到：「這是一個思考力決定成就的時代。」思考力為什麼這麼重要？大前研一先生也在書中分享自己過去的經驗，曾經因為沒有去深刻了解邏輯思考力的重要性，最後以吃悶虧收場。

思考的模式與層次

　　思考（thinking）指的是用我們的心去學習、感受或理解知識。西方哲學家羅素有一句名言：「很多人寧願死也不願思考」，這或許有些危言聳聽，但卻是不可否認的事實。其實在一定程度上，一個人的思考品質，往往會決定了他（她）往後的生活品質，也就可以解釋，爲何有人選擇中途輟學混黑幫，有人半工半讀力爭上游。

　　注重思考能力的培養，有助於讓我們快速釐清問題的本質，並找出解決問題的方法。在人類的思想史上，哲學家是最懂得思考力之於人的重要性，然而，我們的大學生對於哲學的知識卻付之闕如。正因爲如此，我習慣在課堂上，引導學生進行創意思考，而非僅在課本上尋找答案。雖然剛開始同學們都不太習慣，有些人比較內向，害羞不敢發言，有些人則是滔滔不絕，占據別人的發言時間，久而久之，這種氛圍確實改變了學生的獨立思考與求知態度，尤其是看到大家爭相舉手發言的時候，頓時成就感滿滿。美國作家John Maxwell有云：「A minute of thought is greater than an hour of take.（一分鐘的思考，遠勝於一小時的談話）」，就如同我的老長官，前華泰銀行副總經理林乾宗先生，在我還年輕時經常提醒的一句話：「做代誌要用頭殼啦！」（台語；意指處理事務必須思考）。

　　我以過去長年橫跨職場與學校兩端的經驗，將思考區分成三種層次，這三種思考模式，分別是直覺思考、框架思考與深層思

考，我將之稱爲「三思而後行」，分別說明如下。

三思而後行之「直覺思考」

第一種稱爲直覺思考，也就是直覺反應，這個反應來自於你內在的價值觀，也就是受到既存的個人價值觀所影響，而非自由自在獨立思考。諸如一般性、生活性、簡單的事務等等，例如肚子餓了就想吃，或是決定今天午餐要吃什麼。這也就可以解釋爲何在台灣的馬路上，行車糾紛與衝突幾乎每日上演著，這些通常都屬於直覺反應的思考，一句老子就是不爽！怎樣？然後緊接著，就是上演一齣全武行。

直覺思考並非一無是處，只是過於依賴直覺思考，往往會讓人容易受到內在情緒與外在環境所影響，進而陷入邏輯上的錯誤，最後造成決策上或行爲上的偏誤。例如我過去曾經共事過的一位銀行總行女性高階主管，平日總是喜怒無常，心情好的時候，什麼都沒問題，就連行員犯錯的處分都可以免了，只因爲當天是她的生日，很多分行經理都送禮去向她祝壽，因此，心情特別好。要是她被董事長數落幾句時，那下面的人可就糟了，什麼事她都有一大堆意見，完全不管銀行正常業務的運作，只因爲今天她老人家心情不好。

一般來說，習慣直覺思考的人，比較仰賴個人的經驗累積，尤其是在面對不確定性時，通常傾向於相信自己的直覺判斷，這種思考模式容易不受控制。因此想要避免，就可以訓練自己，進

入下一階段的思考模式，那就是框架思考。

三思而後行之「框架思考」

第二種稱為框架思考，也就是將所學到的一些原則或理論，把它運用在不同的處境或領域當中。例如在職進修生在課堂上，學習到經濟學的供需理論，將其應用在外匯市場，用來解釋新台幣對美金，是如何透過供給與需求情形，進而造成匯率的波動等等。

在框架思考模式下，我們開始學會透過層次、優劣、關聯性、系統辨別等等分析技巧，對於問題的緣由與本質進行探究，透過上述的解析技巧，讓問題能夠充分被討論，最後形成決策，進而解決問題，避免落入直覺思考的武斷漩渦當中。框架思考的好處，在於解決直覺思考的缺點，讓人可以較為理智與理性的分析事物，以提高效率及效能。如同《菜根譚》所云：「有妍必有醜為之對，我不夸妍，誰能醜我；有潔必有汙為之仇，我不好潔，誰能汙我。」美醜本身就是一種框架，不被框架所限，自然就能無憂無慮。

但是在框架思考下，有很多人習慣在既有的思維中尋找答案，期待能夠用以解決當前所面臨問題。這也是框架思考的缺點，就是很容易產生抱持狹隘的視野（tunnel vision）情況，讓人在不知不覺中，陷入刻板印象的泥沼。例如對面走來一個雙手刺青的傢伙，通常的刻板印象是負面居多，但是仔細一看，

這個傢伙左手上刺的是hello Kitty，右手刺的是加菲貓，想像一下，是不是就推翻了原本負面的刻版印象，這就是過度框架思考的缺點，你的視野將會被框架所設限。因此想要避免，就可以訓練自己，進入下一階段的思考模式，那就是深層思考。

三思而後行之「深層思考」

第三種稱爲深層思考，就是以框架思考爲基礎，跳脫現有的通則與框架，建構出全新整合性的應用模式思考，也就是一種帶有批判觀點的邏輯性思考，以及一種開創新局的創新思考，例如跨界合作。

當你進入到深層思考的階段，將不會受到既有框架的限制。例如學會SWOT分析法（優勢Strengths、劣勢Weaknesses、機會Opportunities、威脅Threats），卻不受這四個面向的拘束，因爲這個分析法有一個很大的致命傷，那就是「時間」，像是政府法令修改的風險，以這次新冠肺炎來說，政府臨時下令國內口罩禁止出口，製造商馬上就面臨法令的風險，如何應變都來不及，也因此，在使用此一分析法時，就必須特別注意，必須納入預測時間，例如一年或三年，如此才能夠深入探討未來可能遭遇的問題，同時克服在SWOT架構下，無法預測未來的缺陷。以上這種思考方式，就是帶有批判觀點的邏輯性思考，這也是深層思考的核心。

而批判性思考指的是，能夠將自己吸收進來的知識，經過分

析與整理後，建構出自己的觀點，並提出支撐此一觀點的證據。我跟大家分享我最常用也最簡單的兩個方式，其一就是自問自答：「眞的是這樣嗎？有沒有可能是……？還是……？」其二就是同時用另外一個角度來看事物，例如買一雙鞋子，腦海裡同時想到的是質料、價錢、外觀、耐用度與舒適感等等。因此，透過批判性思維的深層思考，可以和自己過去所獲得的知識、技能、心得與經驗，進行有效的聯結，進而產生出一種全新的觀點，如此一來，就能夠成爲由已知推向未知的創新思考。

思考能力終將影響行爲

《論語·爲政》：子曰：「學而不思則罔，思而不學則殆。」大意是說只學習而不思考會迷惑而無所得，只思考而不學習則會精神疲倦而無所得。如同學術界與實務界的隔閡一般，一個只會講不會做，一個只會做不會講。

舉例來說，銀行的放款人員，對於初次見面的客戶，從服裝儀容、辦公室的擺設、牆上的合照、談吐與態度等等地方，形成第一印象，這就是「直覺思考」。緊接著放款人員就會依據銀行的授信準則與規範，進行放款評估作業，通常根據五種原則來進行評估，分別是借款戶（people）、資金用途（purpose）、還款來源（payment）、債權保障（protection）、授信展望（perspective），簡稱爲授信5P，此一思考模式即爲「框架思考」。最後授信人員綜合原先的直覺思考與框界思考，再進一步

打探該公司在上下游與業界之評價、其他銀行授信人員對於該公司之評價、有無社會負面新聞等等綜合研判，最後形成授信決策，此即為「深層思考」。

簡單的事情用直覺思考，例如今天中午要吃什麼？複雜的事情用深層思考，例如在馬路上遇上行車糾紛時怎麼辦？無法釐清思考層次的人，如果遇見複雜的事，卻還是依賴著直覺思考行事，那麼台灣道路上全武行的戲碼，就沒有謝幕的一天。

當我在中華銀行擔任現金卡區域中心經理時，負責管轄嘉義以南至屏東的8家分行的現金卡支店，那幾年，我發現管理一家（嘉義），或是同區域內的兩家（台南與永康），或是跨縣市的8家（嘉義、台南、高雄、屏東），在思考上的層次是截然不同的，也從此奠定我跨區管理思維與經驗上的能力。

跳脫的層次思考

最後我想要分享一個「彩蛋」，我將之稱為「跳脫的思考」。當今台灣的教育環境，補習班林立，琳瑯滿目，各式各樣，就像是清末民初的武館一樣。每個補習班都有獨門的功夫，每個補教名師都有一種讓你能夠得高分的獨門必殺絕招，用來對付大大小小的考試。那麼我們不禁要問，學校的正規教育究竟在教什麼？為何孩子們還必須額外花費去補習班？我個人不否認補習班的功能？但是這種以考試為前提的邏輯性思考模式，所訓練出來的孩子，又將要如何面對未來的人生與挑戰？

電腦取代人類已經不再只是科幻電影的題材，而是現在進行式，這種邏輯性思考模式，最終是可以被電腦所運算出來，既然可以運算當然也就可以取而代之。因此，想要擺脫被電腦取代的窘境，就必須嘗試養成一種非邏輯性的思考模式，一種跳脫框架的思考能力，或許您已經猜到了，沒錯！就是「天馬行空」，一種非邏輯性的思考。

　　那麼究竟如何進行跳脫的層次思考？我的經驗是，不要預設立場，最簡單的方式就是不要脫口而出一句話：「不可能啦！」。也就是說，我們現在腦子裡能夠想到的人事物，都跟我們的人生的經驗與經歷有關係，想要跟這些既有的刻板印象脫離關係，最簡單的方式當然就是與大腦徹底斷絕關係。例如，我的博士指導教授李慶芳主任訓練我跳脫思考的方式，他拿起一個馬克杯，問我它的用途？我回答：「可以拿來喝水、可以拿來插花、可以拿來當筆筒、可以拿來擀水餃皮、可以拿來打人、可以……」。

克制不是壓抑，而是一種性格上的修養，
忍讓不是懦弱，而是一種行為上的磨練。

【第2堂課】思考的層次

【第3堂課】
克制的重要性與技巧

　　在職進修的好處，前面已經說的很多了。在這個章節我想分享，在我的在職與進修的歷程中，發現很多學問與道理，其實是相通的。

　　人性本善抑或人性本惡？我覺得人有多重性格。只是每個人自我節制的程度不一樣。我覺得讀書有助於讓我們學習到克制自己這件事，除了是書本中的知識外，其實從讀書這件事的行為上，就可以讓我們學會克制自己，例如善加利用讀書的時間，或是每次坐下讀書的時間等等。坊間有人主張，每個人身上都有癌細胞，只是體質調養好不好，適不適合癌細胞生長，我想或許這也可以看成一種人類生理機能上的克制。

　　而缺乏克制力最常見的負面案例，就是在台灣街頭經常上演的「抓狂記」：

2020/04/10【民視新聞／誇張！

婦搭公車拒戴口罩 質疑警察身分還抓傷人。】

　　一名婦人在新北市五股搭公車，司機發現她沒戴口罩、出聲勸解，婦人都說好、會戴，結果一路搭到蘆洲，都沒戴口罩，司機只好報警處理，結果婦人聽到警方要抄登資料，開始抓狂，不

但質疑警察身分有假，還把員警口罩扯掉，抓傷員警臉頰，原本只是違反《傳染病防治法》，現在又多吃兩條，《妨害公務》跟《傷害》罪嫌！

顯見年齡並非是影響克制力的主要因素。上述案例的婦人已年逾五十，照理講一個50歲的人，多多少少應該通曉人情世故，怎麼會為了一片口罩，情緒失控攻擊警察，不但被當場上了手銬，還鬧出三條刑事紀錄，代價何其大呀！

真實上演的慾望人生

人之所以為人，不就是具備七情六慾。若是想要跳脫凡人的境界，就必須克服這七情六慾，克制住的數量越高，功力也越高，成就當然也就越大，難怪高僧大德、能人異士們，之所以能夠功成名就，往往都有著非凡之處。

以口慾為例，自從接觸重力訓練後，我才發現重點不只是訓練，而是飲食。過油、過甜、高澱粉的飲食，才是造成大肚男的元凶。然而，口舌之欲，人之天性，想要克制談何容易。印度聖哲帕坦伽利認為，人的心境依序可以分成五種等級，分別是遲鈍呆滯的心，煩亂的心，散漫的心，專注的心以及自制心。其中自制心就是最高級的一種心境，它代表一種積極進取的自律狀態。處在這種心境的人，通常對於自己的人生目標會定位很明確，同時會改變自己的思緒、心態與行為，因此全心全意朝向目標而努

力。也就是說你想將身材練得很精壯，你就會不惜一切的杜絕對於美食誘惑，朝著將體脂肪降到18%以下的目標邁進。

　　電影《後悔無期》有句經典的台詞是這麼說的：「喜歡就會放肆，而愛就會克制」。我覺得，如果能夠克制自己的放肆，那應該就是一種心智成熟的表現。這種自我克制的能力，在我在職進修的過程中，同樣扮演著關鍵的角色。關於自我克制有一個很有趣的例子

2017/06/22成功的人共通點不是 IQ 高，而是「自制力」強。【遠見雜誌/生活報橘】

　　美國賓州大學首先邀請一群八年級的學生來參加「自我控制力」的實驗。實驗人員派遣每一個學生一個有酬勞的任務，而對於酬勞的獲取他們有兩種選項：1.每次完成後現領美金1元（約台幣30元）2.等一週時間後領取美金2元（約台幣60元）。實驗結果則是出乎大家意料的有趣。那些最後願意選擇多等一個禮拜才領取酬勞的學生們（就是自制力較高的），不管是在課堂出席率上、考試成績上都有比較好的表現，之後所加入的組織或是機構也是比較好的。因此實驗證明，「自制力」在課業成績上的表現效果遠大於「智商高低」。但要注意，自制力並不是叫你「強迫」自己做不喜歡的事情。實驗人員發現，培養自制力的關鍵在於「增進意志力的同時，心裡至少會有個備案」。

　　因此，以下是我想跟讀者分享三種，我常用來克制自己心理

反應的技巧，分別是轉移注意力、用「揚惡」來「引善」、運用深層思考來支配自制力。

技巧一：善用轉移注意力

　　轉移注意力，指的是將關注的焦點轉移到其他事物上面。轉移注意力可以避免我們過度持續聚焦，在某一個觀點或事物上，進而產生心理壓力。因此，適時地轉移注意力，可以讓我們獲得短暫的解脫，有一種說法是：「人腦運作的方式是專注於某一件事時，不會再為另一件事擔憂」。

　　舉一個實際的例子，我家小孩打針的時候，為了避免哭鬧掙扎而受傷，護理人員通常要求父母幫忙，按住小朋友的手與腳，可是這麼一來，通常小朋友會哭鬧得更大聲。此時，我通常會喊一句：「你看蚊子！」此時小朋友通常會立刻收起哭聲，然後兩個圓滾滾的大眼睛，就會像雷達一般打開，開始全神貫注地在空中搜尋著，數秒之後，等小朋友一回神，眼淚還掛在眼角，護士小姐的針頭早就已經拔出來了，屢試不爽。

　　如同正減肥的人，一定會深有同感。我有一個女同事，跟我分享他的減肥經驗，當你看見「鹹酥雞」想吃的時候，只要用低油脂的燕麥棒，加上一杯白開水，就可以立即將肚子填飽，如此很容易就可以輕易騙過大腦，及時克制想吃的慾望。我覺得這個道理很簡單，也很實用，這種方式非常適合拿來訓練自制力。

技巧二：以「揚惡」來「引善」

以「揚惡」來「引善」，指的是以凸顯負面案例的方式，來達到引導出正面思考的效果。意即當你的思維處於舉棋不定的狀態，多往壞處想，會讓產生警惕的效果，進而影響你的行為。最好的方式就是在腦海裡，有能夠讓你產生警惕的影像，如此一來，就可以讓你快速改變你的想法與行為。

例如，想起美國電視影集「沉重人生」的情節，就會讓我逐漸降低對於美食的誘惑；例如想戒菸的人，就看一些得肺癌化療慘狀的紀錄片，通常對於戒菸這件事的自制力就會有效提升。我的台北好友，華泰銀行高級專員林大鈞先生就曾說到：「**奸臣也得要有昏君搭配。**」也就是說沒有一個好的國君來壓制奸臣，朝廷當然就會一團亂，所以說有奸臣的存在的時候，肯定就是昏庸的國君自己一手造成的，試想，沒有昏君哪來的奸臣？因此，是善是惡，始作俑者都是自己。

我的方式是透過一直在腦海裡觀想，這些負面的景象，藉以產生警惕效果，進而克制自己的衝動或慾望。剛開始可以從小地方練起，例如每天喝3杯白開水、謝絕同事請客的香雞排、火氣上來的時候先停3秒等等。

技巧三：運用深層思考來支配自制力

三思而後行（請參閱第2堂課：思考的層次）。

例如在每一次快要屈服於購物誘惑時（刷卡分期付款），冷靜下來想一想，你是否願意付出可能的代價（如此下去總有一天會卡債纏身），避免衝動性購買行為，是最典型也最簡單的自制力測試。

我常常跟學生分享，做一件事，動機很重要。也就是你這個決定的出發點是什麼？例如認真讀書是為了應付考試？還是應付父母親？還是自己真心想要畢業等等。只要透過深層思考，將上述這些問題一一釐清，就能夠完全自主且靈活控制我們自己的情緒及言行，最後也就能有效提升我們的意志品質。

將克制力養成一種生活習慣

有句話說：「強扭的瓜不甜！」我的經驗是凡事過於勉強，最後結果都不太好。自制力這件事也一樣，其實不需要過於勉強自己，一定要這樣，一定要那樣，反而是可以從一些小地方開始著手。

例如我在擔任華泰銀行台中分行經理的時候，每天搭公車上下班。有一天我聽見一首英文詩歌，感覺意境很深遠也很勵志，於是我開始一天背一句，利用上下班走路時，利用等公車與搭公車時，3個星期後，就背完了19世紀英國詩人William Ernest Henley的作品《Invictus》：

Out of the night that covers me,

【第3堂課】克制的重要性與技巧

Black as the pit from pole to pole,
I thank whatever gods may be,
For my unconquerable soul.

In the fell clutch of circumstance,
I have not winced nor cried aloud,
Under the bludgeoning's of chance,
My head is bloody, but unbowed.

Beyond this place of wrath and tears,
Looms but the horror of the shade,
And yet the menace of the years,
Finds, and shall find, me unafraid.

It matters not how strait the gate,
How charged with punishments is the scroll,
I am the master of my fate,
I am the captain of my soul.

　　沒人逼我，也沒有考試的壓力，更不須要強迫自己，動機是純粹喜歡這首詩的意境，如此隨遇而安，經年累月下來，自然而然就會養成習慣。我這裡要強調的不是「強迫」自己，而是「引導」自己。其實就如同麥斯‧貝澤曼（Max H. Bazerman）與

安‧E‧坦博倫塞（Ann E. Tenbrunsel）於《盲點（BLIND SPOTS）》一書中所言：「人類的觀點和決策過程有其限制，但自己卻不知道受到了什麼限制。」所以我們必須不斷地去探索自我的潛能，打開自我的視野，來打破這些限制。

　　這一些都是我在職進修過程中，親身經歷所獲得的體會與養成的習慣。我覺得很多事情到最後都會習慣成自然，好習慣是如此，壞習慣也是如此，我深信只要在日常生活中，不斷地去嘗試上述三種克制自己的技巧，有一天你將會發現，當你想要克制自己的時候，往往就能夠得心應手。

【第3堂課】克制的重要性與技巧

開竅與否，如同能否開啟意識之門，

而自我察覺即是生命之鑰。

【第4堂课】
關於開竅這件事

　　就讀博士班之後，我才開始真正認真思考，人生究竟是所為何而來？透過此一議題的探究，讓我對於職場與人生，有了全然不同的見解與詮釋。在思考的過程中，也是我博士班課程進入第六年時，由於我的期刊論文，遲遲無法過關，產生徬徨與迷惘的不安感，所幸在指導教授楊敏里主任與李慶芳主任的引領下，才逐漸脫離負面思考的漩渦中，最後成功抵達浩瀚學海的彼岸。

　　有一天清晨剛起床時，在迷迷濛濛之間，我突然想起鐙冠鋼鐵公司周明本總經理，曾經提點過我，對於「竅」這個字的體悟。於是我趕緊抓住靈感，仔細思考片刻後，便拿起筆開始畫下心智圖，就在反覆思索數日後，我才了解到自己為什麼經常是「一竅不通」。

　　於是我向兩位指導教授報告，該張心智圖的內容與發想，經過兩位教授的細心引導與雕琢下，我終於體悟出，其中的「竅門」就在於「意識」。有效提升自己意識的層次與品質，就是開啟竅門的鑰匙。基於此一因緣，我把自己思考與尋找「開竅的方法」，詳盡的紀錄下來，希望能提供讀者們參考。

將意識區分成三個層次

　　人們通常會簡略的將知識區分爲人文與科學兩大領域，人文看重感性而科學講究理性。我發現這些思維特質，會先直接影響到我們的意識，然後反映在行爲上，而這些旣存在腦海中的意識，其實和思考能力一樣，也有層次的分別。

　　從我的求學歷程來看，學習就像是一場長跑馬拉松賽，而非短距離的衝刺賽，也就是活到老學到老的思維。透過學習的過程，我們的意識會不斷地影響著我們的思考甚至行爲，而這些意識通常有深、有淺、有時清晰、有時卻模糊。我想如果可以在學習的過程中，學習並嘗試著去駕馭（控制）這些意識，那麼就可以解釋一個現象，那就是爲何懂得努力的人，個性上都比較積極與正向。

　　基於此一思考脈絡，我想將自己的心得分享給讀者，那就是我們的意識，至少可以區分成以下三個層次，分別是身的層次、心的層次與靈的層次。而層次與層次之間，都有一個竅門，往往必須開了竅之後，才能夠提升至更高的一個層次。

身的層次

　　這一個層次的意識，指的是物質上的體驗，是一種眼見爲憑，以「看得到」的感受爲主，屬於層次最低的意識。以學習態度爲例，學習只是爲了要及格，要應付考試。

我將身的這個層次稱爲前意識層次，是一種簡單的直覺思考，以滿足生物本體延續生命爲主。人的生命有許多面向，最簡單的分類就屬生理與心理，其中以生理最爲基礎也最容易辨別。滿足生理需求，是人類與生俱來的天性，因爲要存活、要延續後代，因此必須滿足生理需求，生命方得以延續。例如想要存活就會有口腹之慾、想要延續後代所以會產生性慾等等。

意識層次停留於這個層次的人，以自身的感覺爲主，想說就說，想吃就吃，不爽就嗆聲，這些人往往是平庸之輩，只求三餐溫飽。就如同《諸神之城：伊嵐翠（ELANTRIS）》一書中所說：「最主動發言的人，往往也是最沒有鑑別力的人。」

心的層次

這一個層次的意識，指的是情感上的體驗，是一種倚賴想像，以「想得到」的感覺爲主，屬於層次中等的意識。以學習態度爲例，學習是爲了要獲得前幾名，滿足虛榮感與成就感。

我將心的這個層次稱爲潛意識層次，也就是人會透過學習與經歷累積出經驗值，開始瞭解到自己的利弊得失，而不是停留於三餐溫飽。這些經驗會因爲日積月累，逐漸形成個人的處世態度與價值觀，我將這些歸納爲潛意識，而這些潛意識將會不知不覺的影響人的意識與行爲。也就是說來到這個層次，已經跳脫個人的實體感受，進入到「人與人」之間的往來關係與感受，例如男女之間的愛情，母子之間的親情等等。

意識在這個層次的展現，係以觀念為主。意識提升到這個層次的人，聰明是主要的象徵，開始懂得權衡得失，與人相處只求進，據理力爭半點不讓，只考慮到自己的立場與權益。然而，雖說此一層次已經可以權衡，但是卻又容易被眼前的事物所蒙蔽。八展建設的劉英山總經理教我，壞朋友分兩種，一種是「害蟲」你一眼就可以看出來，所以你會跟他保持距離，另一種是「蛀蟲」，他會讓你毫無警覺，直到有一天你才會驚覺，害死你的竟然是你最好的朋友，所以說在商場上要學會分辨「害蟲」與「蛀蟲」，這個觀念讓我終身受用。

靈的層次

這一個層次的意識，指的是感動上的體驗，是一種超乎想像，以「悟得到」的感應為主，屬於層次最高的意識。以學習態度為例，能夠體悟出學習不只為考試與名次，更重要的是為滿足自己的求知欲、責任感及使命感，甚至能夠發揮效用來幫助別人。

我將靈的這個層次稱為超意識層次，宗教、靈修或許都只是其中的一種方法或途徑。讀者們可以自己嘗試的去回想一下，當我們睡覺的時候，人應該也還是活著的不是嗎？可是為何在睡著之後，就無法控制自己的意識，包含做什麼樣的夢，直到一覺醒來，這才又恢復意識。我想這個體驗應該跟宗教沒有關係，但卻是一個很有趣的提問，至於答案為何？我還在探索當中。

很多人都會把靈這個字與宗教畫上等號，我這邊要跟讀者分享的重點並非宗教，而是這個意識在這個層次的展現，係以智慧為主，也就是說可以充分發揮所學，並將之收放自如靈活的運用在生活之中。因此，意識提升到這個層次的人，通常就能夠藉由對智慧的探究與修為，讓自己的生命成為一個更完整的人。例如處世能夠平衡得失，懂得求退是以退為進的道理，並將以德報怨當作思想與行為上的目標，當然，或許一時半刻不容易達到，但是卻會慢慢地進步，就如周明本總經理教我的一句話：「凡事生利益而非生利害。」我想這或許就是老子在道德經第八章中提出的觀點：「上善若水，水善利萬物而不爭。」，而這些或許是一般人無法達到的境界，我想只要能想通這一點，應該就能夠打開這個層次的竅門，相信生活一定能夠比一般人，過得更美好更有意義。關於這個層次，我還在學習當中，我將之當成是一種精神與生活上的修持。

例如John Carlin的著作《Playing the Enemy：Nelson Mandela and the Game that Made a Nation》一書中所提，南非第一位黑人總統曼德拉，以國家大局為重，原諒那些關押他27年的人，又例如有「貧民窟的聖徒」之稱的德雷莎修女。我個人認為，他（她）們都是屬於這一個層次的人。

提升意識品質來開啟竅門

一旦我們可以釐清自己意識的層次，我們自然而然地就可以

判斷出事情的輕重緩急，進而駕馭與掌控我們的意識，例如脾氣的控制、偷懶心的控制等等。

話說科學雖然講究理性，然而太理性反而不感性，因為眼見不一定為憑。因此，只能由「身」提升到「心」的層次，若想要讓自己提升到「靈」的層次，就非藉助人文的感性不可。然而，在物質享受與功利主義的影響下，現代人的層次，大多停留在「身」與「心」之間的層次，想要從「心」提升到「靈」這個層次，差別就在於「竅」，而這個「竅門」平時是緊閉的狀態，能否「開竅」就很重要，就如同武俠小說中寫的，想要學成蓋世神功，就必須先打通任督二脈，畢竟天下沒有白吃的午餐，除非是天資聰穎或是出凡入聖之輩，否則身為普羅大眾的芸芸眾生，仍需付出相當之心力與代價，方能打開這堵竅門。

以教育為例，學生不愛念書，應先探究為何不愛念書？其實有很大部分是，一開始是不懂，然後是一直沒有搞懂，再來是累積太多不懂與沒有搞懂之後，就不想懂了。學習的意識（動機）很重要，此時的竅門在於如何使用簡單易懂的方式，讓學生感覺到其實也沒有想像的那麼難，只要稍加鼓勵，學生自然就能從中獲得讀書的樂趣，慢慢的也就能有所改善。話雖如此，開竅的方法仍須視不同的人而定，千萬不可一概而論。

在多年在職進修的過程中，我發現廣泛的閱讀與深層的思考，是提升意識層次的不二法門。

人生之所以不完美，如同人有悲歡離合，
名利不可能兼具，沒有遠慮必有近憂。

【第5堂课】
接受不完美的人生

　　紫微斗數將人的一生，以12個宮位來代表，合稱爲命盤。舉凡生、老、病、死、事業、錢財、婚姻、家庭、交友、福分厚薄等等，均分佈在命盤當中，藉由各個宮位的交互連動，詳論命盤主人的一生。例如，有人生在富貴之家，「財帛宮」自然是很強盛，或是感情路上不順遂，因此「夫妻宮」，氣勢衰弱。

　　然而，世間萬物皆無十全十美，相信人的命盤也是，總是會有所缺憾，我把它稱爲「破一方」。也因此，人生來本就不完美，當你認清了這一點，就會發現這是一個必須接受的現實，如何在這個現實上，發展出完美的自己，其實是一門不折不扣的人生學問。

　　宋朝辛棄疾《賀新郎·再賦海棠》詞：「嘆人生，不如意事，十常八九。」也就是說不如意乃是人之常情，如意才是不正常。因此，我們必須坦然面對與接受原本就不完美的人生。所以有人就說：「常想一二，少思八九。」意卽經常將那些如意的、順遂的、快樂的、幸運的一二事放在心頭。將那不如意的、挫折的、難過的、悲傷的八九事，少去牽念少去想，自然而然，生活中就會多些自在與坦然。

人生選擇的智慧：破一方

在生命的輪迴中，相信沒有人是終生順遂，或多或少總會經歷些磨難，而這些磨難也正是考驗人生的一道習題。身為在職進修者，我對於這個「破一方」的哲理，自有一番體驗後的心得。原因就在於在職進修者，代表著你必須一邊工作，同時一邊兼顧學校課業，這種蠟燭兩頭燒的辛苦，是衣食無虞可以專心讀書的人所無法體會。也就是選擇在職進修，代表著你的苦日子就要來了。

然而，在進修的過程中雖然艱苦，只要你能夠堅持毅力走到盡頭，你就會發現自己沒有虛擲光陰，這時你再回過頭來看看身旁的人、事、物，有人的破一方是失去健康的身體（交際應酬太多）、有的人的破一方是損失錢財（亂花錢、亂投資）、有人的破一方是腦袋空空如也，人云亦云，成天只會怨天尤人（不思長進，一天過一天）。你會發覺在職進修的破一方，其實捨棄掉的是吃喝玩樂的時間與機會。

人的壽命有長有短，人生的資源也是有多有少，如何正確的「取」與「捨」，是一門人生的學問。試想，如果一個人一輩子當中，必須從所有可以獲得的東西裡，放棄其中一項（破一方），請問你願意放棄哪一項？健康、家人、運氣還是……金錢？若您能思考到這一點，相信我，您已經進入「深層思考」的階段，因為您已經開始思考人生存在的意義了。如同黃仁宇教授在其所著《萬曆十五年》一書中談到：「印度的思想家認為『自

【第5堂課】接受不完美的人生

己』是一種幻影，真正存在於人世間的，只有無數的因果循環。儒家的學說指出，一個人必須不斷的和外界接觸，離開了這個接觸，這個人就等於是一張白紙。」又說：「生命的意義，也無非是用來表示對於他人的關心，只有做到這一點，它才有永久的價值。」

　　人之所以活在世上，究竟是為了什麼？這是一個大哉問的哲學問題，西格蒙德・佛洛伊德（Sigmund Freud）對此一答案是：「愛和工作」。而美國作家彼得・弗里斯（Peter De Vries）則是說到：「如果你問我對人生奧祕本質的解讀，我可以給你打個比方：承載生命的宇宙，就如同是一個巨大的保險箱，而打開它需要一組密碼，但這個密碼恰巧就鎖在保險箱之中。」依我個人淺見，其實人生的本質，在於身處不同時空環境下的經歷和體驗，而這一路上的人、事、物，對於當事者來說無非是選擇抗拒或掙扎；亦或是選擇接納與享受，如此而已，簡單說：「就是做自己。」選擇自己要做何種人？過何種生活？

取捨繫於一念之間

　　有一則佛法的故事是這樣說的。據說清朝的乾隆皇帝很喜歡遊江南。有一回，乾隆來到鎮江的金山禪寺，登上寺中的寶塔，從塔上往下望見長江上，船來船往的忙碌景象，於是乾隆就問身旁作陪的住持法磬禪師：「請問您在這裡住了多少年？」禪師回答：「已經住了50年了。」乾隆又問：「您這50年來，看這江

上，每天來來往往，有多少船隻呢？」禪師說：「老衲只看見兩條船。」乾隆一聽，驚奇地問道：「50年了，您只看到兩條船，這是爲何啊？」禪師說：「是呀，一爲名來，一爲利往，人生就是兩條船啊。」所謂：「萬般帶不去，只有業隨身。」

古諺云：「君子愛財取之有道。」顯見愛財似乎是人的天性，就連君子也不例外，而這也就可以解釋，當今社會時有所聞，親手足爲了遺產而相殘的現象，每天都在上演。

2020/07/03【TVBS NEWS /
爭產濺血！疑爲百萬家產姊弟反目互毆】

疑爭百萬家產，變成濺血衝突！3日凌晨，新北市三重發生一起打架事件，警方獲報到場，發現原來是家庭糾紛，被害人頭部、四肢都濺血受傷，他控訴跟同母異父的大姊，爲了500萬家產相約談判，沒想到喬不攏爆發衝突，被在場的三弟跟大姊男友痛毆，事後雙方互告傷害，對簿公堂！……這回爭產風波，雙方鬧得雙雙掛彩，最後還進了警局，姊弟情誼撕破臉，過去和樂的關係恐怕再也回不去了！

依我長期的觀察，以上這類「爭奪遺產」報導的次數，似乎僅次於「行車糾紛」的報導。試想若能保持清晰的理智，靜下心來想一想，這些遺產本來就不屬於你的，是一筆意外之財，能拿多少真的有那麼重要嗎？若能想通這一點，你就會發現，錢財真的是身外之物，夠用就好。我常在課堂上對學生開玩笑，如果阿

拉丁神燈的故事重寫，神燈問：「你能實現所有的願望，但你必須放棄其中的一項？」此時，你會發現，錢財是最沒有用的一件東西。

善用自己的長處：截長補短

　　既然沒有十全十美的人生，那麼就必須坦然面對，俗話說：「天生我材必有用」。我在就讀二專夜間部的時候，行銷學的教科書上引用了一個小案例，這個案例影響我非常深遠。1972年，新加坡旅遊局給當時擔任總理的李光耀先生，上呈了一份評估報告，大概的內容是說，我們新加坡不像埃及有金字塔；也不像中國有萬里長城；更不像日本有富士山；夏威夷有十幾米高的海浪。我們除了一年四季直射的陽光，什麼名勝古蹟都沒有，想要發展旅遊事業，實在是巧婦難為無米之炊。據說李光耀先生看過報告後不太滿意，於是在報告上批了一行字：「你想讓上帝給我們多少東西？陽光，陽光就夠了！」於是，現在的新加坡已經成為亞洲的著名觀光景點。

　　成天唉聲嘆氣怨天尤人，絕對無法改變任何的事實，這一點對於在職進修者來說，體會肯定特別的深。因為選擇在職進修的人，通常是比較願意主動面對自己不足的人，例如感到自己學歷不如人，或是覺得工作上遇到瓶頸等等，所以選擇在職進修來充實自己，而不是在家追劇或是打小孩。這些雖然都只是在職進修的動機與目的之一，但是這種態度會在不知不覺中潛移默化，最

後影響到在職進修者為人處世的行為上。

　　我有三個小孩，各自有不同的個性與特質。從小到大，我幾乎是不看他們的功課，好吧！我承認，都是我老婆在看。就以我們家老大為例，打從國中起就很愛參加社團，也因此，對於經營團體活動很有一套。高中時他擔任社團聯誼會的器材組人員，每當活動結束後，總是最後一個離開校園，我問他為何每次都要讓我在校門口等這麼久，他告訴我活動一結束，大家都屁股拍一拍就閃人，東西總要有人收，而且器材室也必須上鎖，以免貴重的器材遭竊，所以他說自己習慣留到最後，確認器材室的門已經上了鎖，才會放心離開。於是我發現他具有「不計較」與「責任感」的人格特質（應該是遺傳自我的基因），因此，我鼓勵他別把學業成績看得太重，只要不被當掉就好了，可以儘量參加社團活動。上了大學後，系上老師果然看中他過去的社團經驗，於是委以重任，舉凡慶生活動、烤肉活動、迎新活動等等，幾乎無役不與，甚至還曾經硬著頭皮上場表演「火舞」，最後還協助系上師長整頓學生會，獲得師長們的高度評價，也為自己的校園經歷增添一筆。我告訴他：「這就是你的長處！」雖然他似懂非懂的看著我，但我相信總有一天，他能夠理解我的話。我的體會是：「與眾不同就是一種美。」

凡事不須強出頭，命中註定難剝奪，
費盡心機謀私利，白費力氣一場空。

在職進修教我的 18 堂課

【第6堂课】
職場的交響樂團

　　每種樂器都有自己獨一無二的特色，在演奏曲目時肩負著不同的任務。

　　然而，樂團想要演奏出動人的曲目，就必須發揮團員及樂器的各自所長。組織也是一樣，每個成員都具有獨一無二的個性，如何截長補短，考驗著領導者的智慧。華泰銀行授信管理處洪瑞隆經理教會我，管理組織就如同「下象棋」，使棋子各司其職，各盡所長，選對人，放對位置，自然就能夠成就「勝局」，這個概念淺顯易懂，讓我終身受用無窮。

職場的主旋律

　　就如同交響樂團演奏時，有人演奏主旋律時，就必須有人伴奏和弦，曲子才會動聽。然而，一個組織中，如果大家都想搶著拉主旋律，沒人願意擔任伴奏，可以想見必定是雜亂無章與尖銳刺耳，也因此，樂團的靈魂人物就是「指揮」。全球最大避險基金公司——「橋水」創辦人Ray Dalio在《PRINCIPLES》（原則）一書中就提到：「好的管理者重協調……就像交響樂團的指揮……」。這一點是一個好的領導者或管理者應該有的體悟。

一個稱職的領導者或管理者，應該確保樂團中的每樣樂器，在演奏不同的曲目時，都能夠充分展現出自我的特色，穩住節拍，如此才能演奏出動人的樂章。在職場上，一家公司當中，有前勤就有後勤，前勤負責打仗，後勤負責支援。業務想要做得好，絕對不是一個超級業務員就可以達成的。就像打排球時，殺球（前勤）的很重要，然而作球（後勤）的更重要。因此，前後勤溝通協調的優劣，往往就決定了這個組織的績效，至少我所服務的銀行業確實是如此。

　　年過半百的我，開始有一種應該「換手」的感觸。那就是我年輕的時候，很多人幫我伴奏（做球讓我殺），讓我盡情發揮演奏出動人的主旋律（成為鎂光燈的焦點），如今已經功成名就的我，是不是應該換成我來幫組織裡的新人們伴奏，讓他們能夠在職場的舞台上，盡情展現才華，發光發熱。

成功不必在我

　　當英雄凱旋歸來的時候，也需要夾道歡呼的群眾，否則大家都是英雄時，誰要擔任歡呼的群眾呢？就如同英雄的偉大事蹟，不也是需要歌頌者來流傳。

　　有時候助攻也是一種樂趣，就像老師看著自己教出的學生，成就比自己還要好，那種喜悅比自己得獎還要高興。就像上述的排球隊，想要將排球殺得漂亮，作球的人就很重要。

　　基督教聖經《腓立比書4：20》：「願榮耀歸給我們的父

神，直到永永遠遠！阿們。」簡單說就是「一切榮耀歸於主」。據我所知，這個概念對基督徒來說，是一門很重要的功課，它也可以避免世人走上驕傲之路而招致毀滅。因此，我把這個「主」字延伸為身邊的「任何人」，也就是人生在世，凡事「不居功」。

當我們同在一條破船上

能否凝聚出一個團隊的向心力，我的經驗是，往往可以從領導者平日的用字遣詞即可略窺一二，尤其是「口頭禪」，這代表著領導者在不知不覺中，洩漏出自己的心眼，這是真的！而且屢試不爽。

「我們」這個詞，代表的是一種「認同」，一種榮辱與共的親密「關係」，甚至是「一家人」。可是很多職場上的主管都說不出口，原因無他，因為這些人覺得自己與眾不同而且高人一等，這種尊榮的優越感，讓這些人跳脫組織的架構，直接成為「神」。例如公司白紙黑字規定，全體員工上班都必須穿著制服，有些主管仗著自己的權威，對於規範視若無睹，上班時愛穿什麼就穿什麼，也沒人敢制止，可以想見這個公司的管理與績效，就是零零落落，因為基層員工大家都看在眼裡，從此公司分成「神」跟「人」兩派。

2019/09/26【商業周刊／一句「你們舊南山」，怎麼把600萬保戶捲入風暴？南山董座百億敗退啟示】

本刊持續追蹤深入調查發現，關鍵不在於系統，而是他不自覺、卻常掛在嘴邊的一句話：「你們舊南山！」杜英宗認為，傳統保險業既沒效率，也欠缺商業思維。他先要改革的，是那批「舊南山」的人。杜英宗眼裡，公司分成兩種人：從花旗、IBM等外商找來的「新南山」，以及他們入主前的「舊南山」。專業的人想告訴他，這個資訊系統逐漸失控，但沒人敢開口。因為大家很怕會被罵一句：「你們舊南山的，腦袋不知道變通！」杜英宗常在會議上開罵，整間會議室，到整層樓，只聽得見他一個人的聲音……。

其實組織當中，最怕的就是分成「你」、「我」、「他」，也就是俗話說的：「一人一把號，各吹各的調。」誰也不服誰，大家就會無所適從，最後這個組職必定是土崩瓦解。一個容不下別人意見的領導者，最後往往還是孤寂收場，這一點我在職場上見過太多案例，奇怪的是，二十幾年來，不斷的在職場重複上演著同樣的戲碼。還是那句老話：「人類從歷史上學到的教訓，就是人類從歷史上學不到任何教訓。」我曾經共事過一位總經理，他的口頭禪是：「我實在是搞不懂，為什麼你們的業績都做不起來？」試想，一位將軍打了敗仗，然後去質問部屬為何打敗仗，不是很奇怪的邏輯嗎？有一則笑話是這麼說的：「有一個病人去醫院掛病號，醫生在門診的時候問，怎麼啦！病人回答說，我在

家裡按這也痛，按那也痛。醫生就說，既然病這麼嚴重，那就做一個斷層掃描，看看到底什麼問題好了。一小時後檢查完畢。醫生看著檢查數據說，你沒事啊，你的身體好得很啊。病人緊接著說，可我還是按這裡也痛，按那裡也痛。於是醫生不耐煩的說，把你的手指頭伸過來，醫生摸了摸病患的手指頭，病人直呼好痛，醫生說你手指骨折了啦！」因此，追根究底，問題還是在於分「你、我」。

　　我的經驗是，面對一個需要整頓的單位，就如同是一艘破船，船上的軍心士氣通常比較薄弱。因此，需要更多的鼓舞、認同與包容，過度的苛責與嚴厲的對待，最終有能力的船員會選擇跳船求生，沒能力的就留下來等死。一個領導者或管理者，如果沒有這種認知，那麼改革的過程必定是困難重重。然而，許多新任的領導者或管理者，會以「改革者」或「占領者」的心態自居，而小看了這些留下來等死的既得利益者，俗話說的好：「狗急跳牆。」此時，這股原本渙散的士氣，日積月累就會凝集成一股高昂的鬥志與對抗的士氣，只是這股鬥志與士氣不是用來開拓業務，而是用來對抗新的領導階層。

　　所以懂得如何引導與善用這股士氣的力道，是一位好的領導者或管理者必須具備的能力，這也就是「水能載舟，亦能覆舟」的道理。因此，每當長官指派我去整頓一個單位時，我的第一句話就是：「總行派志明來，是希望能夠還大家一個公道。」於是我們同在一條破船上。

職場態度決定人生高度

　　以銀行業的授信（放款）人員為例，通常將之分成三種人，最下等的叫「銀行龜」，中等的叫「銀行員」，高等的叫「銀行家」。先說中等的銀行員，就是奉公守法，安分守己，一切完全按照規定。例如客戶需錢孔急上門借錢，一切依照牌告利率辦理。再來說下等的銀行龜，例如客戶需錢孔急上門借錢，則趁機哄抬提高借款利率，另外，再加收一筆作業費、帳管費、承諾費、分手費……等等。最後來說銀行家，例如客戶需錢孔急上門借錢，以銀行的曝險程度為考量，合理的提高借款利率與相關費用。或許大家來看銀行龜和銀行家，最終都是提高借款利率與相關費用，似乎沒有差別。其實不然，銀行是社會的公器，不是慈善機構，銀行放款的錢，有一大部分是存款人的血汗錢，因此，放款的利率必須與客戶的風險程度連結，銀行的經營才會穩健，以確保存款人都能準時領到存款的利息。

　　因此，每當我在媒體報導上，看見又是哪一家民營銀行的獲利再創新高的時候，我總是會感到無比的困惑。我認為銀行不應該是一門暴利的行業，而是應該肩負起富國裕民的社會責任。我個人從事銀行業逾30年，見過無數的銀行員與銀行龜，惟銀行家屈指可數，銀行龜與銀行家的差別僅在於心態上的不同，也就是為人處世的態度有所不同，就如同有人說：「天才與白痴只有一線之隔。」

　　「問題都在前三排，根源還在主席台。」這是在網路上廣泛

流傳的一句諷刺意味濃厚的對句。王品集團前總裁戴勝益先生也曾說：「一家公司的所有問題，都出在開會時，坐前三排的高階主管們身上；一家公司會被搞垮，問題也一定出在董事長身上，因為他的權力最大，說什麼都沒人會反駁他。」其實談的不外乎就是領導者與管理者的態度，「處事」與「處世」的態度。

我曾經服務過一間大型銀行，有一回，全國的分行經理上百人齊聚總行，上一門「領導統御」課程，授課的是知名國立大學教授，董事長禮貌性開場致詞，說明領導統御的重要性，請台下經理人務必全神貫注聽講，然後就說還有要務在身，就轉身離去。過一會兒，總經理以公務繁忙為由，也提前離席，只見台上主講者大嘆一口氣，搖了搖頭，才又繼續講下去。這一幕，台下的經理人們全都看在眼裡，這個畫面從此永遠烙印在我的腦海裡！！可以說是一個活生生的負面教材。試想領導統御對這家銀行真的很重要嗎？這也是一種態度。

家「和」萬事興

「和諧共融」與「分裂抗爭」是一個很強烈的對比，也是一個領導階層必須認清的時勢。「和」不是報喜不報憂，「和」不是掩蓋真相，「和」更不是委曲求全，而是維持一種自然的狀態。例如《莊子‧德充符篇》：「遊心乎德之和」，那種守於自然而處於和諧的境界，《老子‧道德經》更說：「知和曰常」，懂得陰陽調和就是懂得道的常態。全球最大避險基金公司

——「橋水」創辦人Ray Dalio在《PRINCIPLES》（原則）一書中提到：「和所有的組織一樣，橋水成功的關鍵來自於人和文化」，顯然「和」的思維與文化，東西方皆然。

　　台南知名建商嘉信開發建設公司蘇本雄董事長與夫人楊琦珍女士賢伉儷，是在地人公認的成功企業家。我於2021年～2023年間，擔任華泰銀行台南分行經理那幾年，由於台積電在台南科學園區進行建廠工程，營建承包商吸走大批的營建工人，舉凡鋼筋、板模、水電甚至油漆工，全都缺人，整個台南地區的建案工地哀鴻遍野。因此，許多建商的客戶，一碰面多半是抱怨缺工的話題。然而，蘇董事長與蘇太太，卻從未談及此一話題，且一如往常地低調與客氣。

　　有一回蘇董事長跟我分享，關於他親身經歷的一則小故事。蘇董事長說他年輕的時候，有一回在工地，看見某建設公司的工地正在拜拜，結束後該公司的董事長將供品全數收走，開車揚長而去。蘇董事長就問了工地的售屋小姐，售屋小姐表示，當時這間建設公司為了省錢，要求售屋小姐把會計、打掃及總務等工作全都包辦，就連每月的初二與十六拜拜的工作也是一樣，由她一人全部包辦。蘇董事長當時心想，天氣這麼熱，售屋還要兼做這麼多事，怎麼連一罐飲料都不留給員工？這一幕給了他很大的感觸。

　　後來蘇董事長與夫人創立嘉信集團之後，每逢公司拜拜，蘇董事長都會要求總務多採購一些食品，待拜拜完畢後發送給同仁們。蘇董事長跟我分享說：「帶人的秘訣其實很簡單，就是做人

要厚道，要多關心與照顧員工，員工自然就會認真做事，公司就會越來越好。」我才發現為何當大家都在缺工的時候，嘉信集團反而是老神在在的原因，雖然是一處不起眼的小地方，卻可以看出一位傑出企業家的細心觀察與用心。

　　家庭是如此、樂團是如此、組織是如此、國家不也是如此。我的體會是：「合則聚，不合則散；和則順，不和則逆。」

言不由衷，不如不說。

語非利人，多言無益。

【第7堂课】
說話的時機與藝術

　　有人說：「學會說話只需要花2-3年的時間，學會住嘴卻需要花上2、30年。」什麼時候不該說話？什麼時候該說話？該說話的時候該說什麼話？等等似乎是一件不容易的事。有人說話喜歡拐彎抹角，有人說話單刀直入，無非都是為了傳達自己的意思，然而，這些過於極端的表達方式，卻又往往會讓人曲解原意，也就是讓聽話的人覺得不會說話或是說錯話。

　　記得一位地方官員，在敬老重陽節時，畢恭畢敬雙手握著一位高齡99歲的人瑞，操著生澀的台語說道：「阿公！你就要吃夠100歲喔！（台語活到一百歲之意）」在場的旁人聽了這句話，個個皺起眉頭，難不成這位官員希望阿公再活一年就可以死了嗎？我想這位官員的原意絕對不是如此，但是話說的不夠漂亮，卻也讓原來的一番美意頓時「走鐘」。我想當時這位官員如果以俚語「吃百二」（台語活到一百二十歲之意）」，來表達祝賀之意，或許結果就會截然不同。

　　人是群居的動物，最簡單的溝通方式就是「說話」。俗話說：「見人說人話，見鬼說鬼話。」指的就是說話看對象，舉例以「稱謂」來說，以我在銀行工作的經驗，看見男性年長者一律叫「大哥」，女性年長者一律叫「大姊」，絕對比稱呼「歐伊

桑」與「歐巴桑」來的更為令人喜悅，原因無他，就是人都不希望被叫「老」，這是客戶親口告訴我的原因。《論語‧衛靈公》子曰：「可與言而不與之言，失人；不可與言而與之言，失言。知者不失人，亦不失言。」因此，如何在適當的人面前，選擇適當的時機，說出適當的話，絕對是待人處事的重要課題之一。

說話是溝通的技巧，而傾聽是溝通的起點

想要透過說話的方式來達成溝通的目的，說話的技巧就很重要。然而，在說話之前，若能先搞清楚對象，了解對方的意思與內容，甚至是聽出對方話中的意涵；就如同在考試的時候，先看懂題目再作答一樣，免得文不對題而白忙一場。

傾聽是一種意志專注的積極表現，而不僅只是沉默不語的消極狀態。想要傾聽首先要學習的第一步是「不插話」，必須靜待對方告一段落之後，再提出自己的問題或意見，也是一種尊重與理解的表現。其實傾聽是為了回應而作準備，以我服務的銀行業為例，因為工作的關係，經常要面對許多經營者，我發現成功的經營者，都有自己利害的地方（意指成功之道），因此，我都會專心聽他（她）們說話的內容，尤其是他（她）們的處理事情的方法與智慧，並從中獲得許多寶貴的經驗與啟發，哪怕只是一句話，都是獲益無窮。

由於長年在職進修的緣故，經常要面對大大小小的考試，而應付考試最重要的就是要先求看懂問題，次求精準答題，這種經

驗讓我學習到先聽清楚客戶的問題，才能夠準確地掌握客戶的需求，進而提出符合客戶需求的因應之道。如此一來，可以避免再三或重覆詢問而造成客戶之不悅，況且若能迅速回應客戶問題，也能展現出自己專業的程度。如此一來，當你能夠掌握到問題的重點，緊接著提供自己專業的意見與建議，自然就能夠達到有效溝通的目的。就如同醫生「對症下藥」而「藥到病除」，是一樣的道理。

學會察言觀色的基本功

在職進修的過程，讓我養成將實務現象學理化的習慣，也就是探究事物的本質。因此，如果把「說話」這件事拆開來看，可分為音調、措詞與表情，更微觀來看甚至還包括肢體動作等等。將一件事物或現象拆開來看，有助於我們對於該事物或現象結構的了解，進而促進我們的自我檢討與反思。

我覺得其中最簡單的觀察點，就是「語氣」與「臉色」，也就是「察言觀色」。當客戶開始不悅時，通常「語氣」就會開始不耐，例如：「到底還要我等多久？」此時，必須以同理心應對，萬萬不可置身事外。我曾經遇過農曆春節前，銀行營業廳站滿等候的客戶，一位客戶不悅地向保全員抱怨：「到底還要我等多久？」保全員回覆說：「我也不知道，大家都在等，不然你去別間好了！」於是這位客戶氣沖沖的離開後，隨即打電話去投訴我們分行的服務糟透了。又有一次，我在擔任華泰銀行台南分行

經理的時候，一位中年婦女到銀行來臨櫃匯款，神情緊張，不時左顧右盼，還不時查看手機訊息，我們的櫃台主管鄭妘綺副理當下判斷，肯定是接到詐騙電話，於是立即通報轄區派出所警員到場，事後證明確實是遭到詐騙。數日後，台南市政府警察局善化分局歐祖明分局長，還親自到分行來表揚阻詐有功的行員（此事還上登上媒體）。

因此，我覺得如果能夠察言觀色後再發言，自然而然就能夠掌握說話的分寸。我認為察言觀色中的「觀色」亦可引申為觀察說話的「場合」，例如遇喜事場合要說吉祥話等等，說穿了就是要以「感同身受」為出發點。

2010/04/27【自由時報 /
毛治國說備好冰櫃　綠批失言、藍緩頰】

國道三號七堵段發生走山意外，南北雙向六個車道全遭土石覆蓋，有目擊者指出，至少有3至4部自小客車當場被山崩掩埋。山崩後9小時，有6輛車的家屬報案失聯，失蹤者家屬還心急如焚期盼奇蹟能出現，交通部長毛治國卻脫口說出：「冰櫃已經準備好」。對此，民進黨立委上午痛批，毛治國缺乏同理心，嚴重失言。而國民黨立委則幫忙緩頰，認為毛治國說話應該「修飾」一下。

所以我的經驗是，一個人在說話之前，必須要能夠充分了解當時的場合與氛圍，如此一來才能準確的表達出自己的意思，

才不會引人誤會甚至招致反感。也就是說要學會「恰到好處」及「恰如其分」。以上面這則報導為例，當時家屬心急如焚，站在家屬的立場想，絕對是不放棄一絲希望；此時，政府官員則是家屬最後的支持力量，您覺得家屬現在最需要的是什麼？又試想如果現在埋在土堆下的是您的獨生子，而您家三代單傳，此時聽見一句：「冰櫃已經準備好」，請問您會作何感想？

如何將說話昇華為一門藝術

《增廣賢文》有云：「見人只說三分話，未可全拋一片心；話到嘴邊留半句，事到臨頭讓三分。」是一句很常見的民間格言，意思也淺顯易懂，大意是勸誡世人話不能多說，一定要有所保留，若口無遮攔，最終將落入言多必失的窘境，導致惹人誤會而產生嫌隙。我的經驗是在說話前務必先察言觀色一番，並把握開口四不原則：「不要急著開口，不要長篇闊論，不要不懂裝懂，不要滔滔不絕。」基本上就能減少失態的機會。

俄國大作家列夫・托爾斯泰（Leo Tolstoy）在《What is Art?》一書中提到：「何謂藝術？藝術不是要使人感到愉悅，而是要使人感染體驗同樣情感（feelings）。」也就是說藝術能夠透過共通情感來交流連繫人與人之間，有趣的是這種情感可以基於現實的經驗，也可以透過憑空想像而來。而同樣一件事，不同的表達方式，效果截然不同。例如，我曾經遇過一位客戶臨櫃存款60萬現金，A櫃員詢問他這筆錢的來源，顧客當下面露不悅，

於是A櫃員板起臉孔振振有詞回話：「陳先生，依照洗錢防制法的規定……」，客人：「錢還我，不存了可以吧！」，氣沖沖的離開銀行。又有一次一位客戶臨櫃存款100萬現金，B櫃員詢問他這筆錢的來源，顧客當下面露不悅，B櫃員委婉回話：「不好意思，陳先生，現在詐騙集團很多，我們銀行擔心客戶受騙，因此都會關懷提問，請您見諒……」，客戶反而和顏悅色的說明資金來源，還稱讚我們服務很好。因此，當我們把說話當成藝術來看待時，自然而然就會追求更加精進的表達方式。

我的老同事林季男資深副理，曾經跟我分享一則說者無心聽者有意的笑話，某甲對著某乙說：「您年紀這麼大了，又沒結婚，一定存很多（意指存很多錢）！」說者自以為是在恭維某乙，沒想到這句話聽在某乙的耳中，卻是一種挪揄（指嘲弄；取笑）。某乙心想，這個傢伙一句話捅我三刀，其一嫌我年紀大，其二笑我娶不到老婆，其三看我沒有（實際上，根本就是在暗諷我，根本就沒有存到什麼錢）。所以說話不僅僅是一種技巧，也是一種藝術。

記得我在華泰銀行台中分行擔任分行經理時，有一次拜會食品大廠華元公司郭耀鵬董事長。郭董事長：「感謝全聯這個大通路商，讓我們的產品有機會上架。」我則是回應：「董事長您客氣了，我們才要感謝貴公司這個大品牌在我們全聯上架，讓我們的商品更加齊全，業績也就越好，所以應該是我們感謝您才對。」董事長笑著說：「鐘經理，你真的很會說話。」

我的體驗是：「禍端全由多話起，福報常為不語時。」

懂得欣賞是一種體悟人生的能力，

成與敗、美與醜，則是人生的不同景觀。

【第8堂课】
欣賞人生的美麗與哀愁

　　「人生如戲，戲如人生」，劇中的情節有喜、有怒、有哀、有樂，當曲終人散時，留給觀眾的是無限感慨還是意猶未盡，端看劇中角色對於劇本的詮釋。因此，「人」很重要，人才是主體，也就是說一個人如何詮釋自己的生命，就如同一個主角在戲劇中如何詮釋角色一樣，可以「精彩奪目」，也可以「暗淡無光」。

　　對於一個選擇就業的莘莘學子來說，投入職場後，往往就是一輩子的選擇。我從擔任銀行的工讀生開始，30年來經歷無數次組織的權力交替，就如同一齣齣的電視「宮廷劇」。台灣的民營銀行政策，經常是隨著掌權者的改變而改變，回頭來看「世代更迭，人事遞嬗」已成常態，而唯一不變的是爭權奪利的醜惡人心。

　　然而，當你回過頭來看，前朝的「紅人」（意指深獲層峰寵信之人）如今卻成了當朝的「黑人」（意指失寵且成爲遭整肅對象之人），其實這種現象在職場上是很正常的現象。因此，如何在身處劣勢時，而不至於意志消沉，自我調適的能力就很重要，如何讓自己不被這種負面的情境所影響，將這些考驗與磨難，轉換成爲積極向前的動力，充實並過好自己的日子，對社會新鮮

人來說是一件很重要的課題，說眞的，換一個地方或工作未必就會比較好，如同布蘭登·山德森（Brandon Sanderson）所著《諸神之城：伊嵐翠（ELANTRIS）》一書中所說：「這是人類的天性，相信過去的時光與其他地方比現在或此地要來的更好。」

面對學校成績的自我調適與反思

一個人在求學階段，難免會遭遇到成績不理想的時候，有時候是準備不夠；有時候是方向錯誤；有時候是身體不適。然而，不論原因爲何，最終呈現出來的結果就是成績不理想，於是刻板印象就來了，「成績好＝好學生」；「成績差＝壞學生」，於是最後就會成爲我們在媒體上看到的遺憾事件。

2005/10/25【華視新聞／
成績差太沉重 建中生跳樓自殺】

立院大人鬧哄哄，誰來關心這群耐挫力越來越低的孩子？一名建中一年級的學生，因為月考成績不理想，想不開，竟然從住家高樓往下跳，十五歲的生命，化作冰冷遺體跟四張給家人的遺書。

其實好學生也好，壞學生也罷，不過都是旁人的眼光與標籤罷了，最主要還是當事人自己怎麼想。我覺得在職進修的好處，

是多了一個自我調適的機制。因為在職場遇見的人、事、物遠比校園來的複雜許多，相較之下，你會發現考試成績不好，那又怎樣（我的原意並非不在乎）？總比收銀出差錯賠錢好吧！這種與更差狀況比較的心態，會讓你在無形之中，遠離鑽牛角尖的負面漩渦。

而在職進修的最大好處，是會讓你思考解決問題的方法，以我在銀行工作為例，我要如何說服讓客戶辦一張信用卡？我要如何讓客戶的存款留下來？這種領悟回到校園後，你自然而然就會去思考，我為什麼期中考考不好？我要怎麼準備才會考出好成績？第一名到底是怎麼讀書的（讀書的方法）？建議可以去圖書館借一本《今週刊特刊：榜首滿分筆記術》，非常的實用，最重要的是不花一毛錢，就可以學到榜首們的獨門秘技。回頭來看，考試成績不理想，反而可以讓我們學會反思，為何會失敗？以及要如何才會成功？這兩件事。所以說考試成績不理想，也不全然是壞事，端看自己怎麼看？怎麼想？怎麼做？

面對職場業績的自我調適與反思

一個人在職場上，也難免會遭遇貶謫或不平之事，有時候是因為業績不好，達不成目標；有時候是運氣不好，放款吃倒帳；有時候是得罪當朝權貴，人家找機會修理你。遭遇到這些事，通常心理上會不好受。可是當你仔細閱讀一下我國古代文人的作品，你會發現歷史上倒楣的絕對不止你一人，因為我國古代的文

學家中，有很大一部分都有經歷過被貶官的屈辱。然而，在面對逆境時，並不是每個人都能夠處之泰然，我們在媒體上，偶而還是會看見一些令人惋惜的事件。

2022/02/22【聯合新聞網／副教授為升等自殺……】

台大植物所張姓副教授上周在實驗室內上吊自殺，消息直到昨晚才傳出，留下遺書表示主要是因為升等壓力大，雖然占據新聞版面不大，但卻在學界引發討論，南部生科學界並發文給台大要求重視張姓老師自殺一事，「教授不是用來發頂尖期刊論文的機器，更不該因未達標而成為被凌虐的對象」……。

舉例以我國詩人來說，屈原可以算是「貶官文化」的老前輩，他在被貶謫的期間，反而創作出許多經典的詩作。後來像是杜甫、賈誼、白居易、柳宗元、蘇軾及歐陽修等等，雖然他們都曾經遭受到不公平待遇或屈辱，卻沒有被命運所擊倒，反而能夠創作出經典不朽的文學作品，流傳萬世。我的經驗是上班族閱讀這些作品，有助於我們學習古代大文豪們，如何面對人生的困境！像白居易在歷經貶官之後，終於看清官場上的爾虞我詐，也看透皇帝的昏庸無能與看破俗世喧囂，轉而潛心鑽研佛學，藉此寄託以尋求慰藉，忘卻朝野的是非並遠離紅塵。而蘇軾則是以「隨遇而安」為處世之道，他的官途雖然坎坷，但他猶能在苦中尋樂，活的自在且逍遙。這些先賢們將「磨難」化成創作的「養分」，反而能夠孕育出璀璨的花朵。

【第8堂課】欣賞人生的美麗與哀愁

在職進修的好處，在於能夠讓你脫離困境的泥沼，將專注力轉換在學術上，工科的同學可以專注在實物的研究，文科的同學可以專注在文學作品的創作。同時也可以透過上述的反思，為何會失敗？要如何才會成功？所以說職場表現不理想，也不全然是壞事，端看自己怎麼看？怎麼想？怎麼做？

善與惡才是人生精彩之處

有時候苦難的人生經歷，反而能夠激發出人的潛力，並為才華提供機遇。以全球暢銷小說《哈利波特（Harry Potter）》作者JK羅琳（J. K. Rowling）為例，羅琳經歷貧窮、母親過世與離婚，人生宛如故事般，在短短5年內，從一個接受政府濟助的貧窮單親媽媽，搖身一變，成為英國有記錄以來最暢銷的作家。《上堂開示頌》有云：「塵勞迥脫事非常，緊把繩頭做一場。不經一番寒徹骨，那得梅花撲鼻香。」唐代高僧黃檗禪師藉此詩偈，表達出對堅定意志修行終得正果的決心，並揭櫫人們在面對一切困境時，所應採取的正向態度。

或許在遭遇困境的當下，不論是肉體或精神上，均遭受到無比的苦痛。此時若能轉換心境而「苦中作樂」，或許反而能夠獲得意想不到的收穫。

人的「生命」終會隨著肉體的消滅而消失，而「慧命」則不受影響，就如同一講到中國四大名著之一《三國演義》，就會想到作者羅貫中，讀到《離騷》就會想到屈原一樣，永遠流傳於後

世。

　　我的體驗是：「成敗與否莫慌張，凡事從容必安詳，悲歡皆有獨到處，審美即為妙解方。」

【第8堂課】欣賞人生的美麗與哀愁

人生是一段充滿樂趣的奇幻冒險旅程，
因為你永遠不知道，
下一關會遇見什麼樣子的怪物。

【第9堂课】
活在當下，把握當下

　　拉丁語格言「Carpe diem」。依據「維基百科」的記載，語出賀拉斯《頌歌集》第一卷第十一首。常譯作活在當下、及時行樂，完整詩文為「carpe diem, quam minimum credula postero」，翻譯成中文的意思是「活在當下，儘量不要相信明天」。選擇在職進修讓我深深的體會到這句話的意涵，尤其是珍惜時間這件事，因為在職進修是一條很漫長的道路，走在這條道路上會讓你在無形之中，產生一些過去未曾有過的思維，例如「把握當下」的生活態度。

　　Paulo Coelho所著《牧羊少年奇幻之旅》一書提到：「最尋常的事物往往最不平常，只有智者才能洞悉；生活在希望中，生活才顯得更有趣。」由於橫跨職場與學校，生活會過得很緊湊與充實，頭腦不時在理論與實務之間切換，會讓你經常有時間不夠用的感覺，無形之中，你會變得很珍惜每一天的時光，就拿準備考試來說，剛開始你會尋找空檔，慢慢地就會開始感覺到生活過的很充實。

　　在職進修的過程，永遠在追逐「考試」與「報告」這兩件事，雖然兩者的過程都相當煎熬，但是若你能夠「提早」想通其中的道理，或許你就能體會出我所說的「樂趣」。你會發現當大

家都把考試與交報告這兩件事，當作是盡學生的義務時，過程中則會充滿壓力，而「分數」即是壓力的來源。如果你能體會出努力找方法、努力費心思及努力深思考，你將會發現所有的努力，都將會換來超乎預期的回報，那麼你就會更把握當下的時間做足準備。

培養面對逆境的勇氣：樂觀的心態

俗話說：「天無絕人之路。」英文也有一句諺語：「When God closes a door, he must open another window.（當上帝為你關上一扇門，祂同時會幫你打開一扇窗）」，可見人生的道理，東西方皆然。在職進修最大的好處，是讓我不會對自己的未來感到「茫然」，怎麼說呢？因為「進修」的本質就是在投資未來，試想花錢花時間，所為何事？不論是真的學到了東西，或是純粹只要那一張畢業證書，最終都不會空手而歸。

其實在職進修生待在學校的時間並不長，進修推廣部（夜間部）通常是18：30至22：10時，進修學院（假日班）則通常是周六及周日全天，或許有人會問：「在這麼短的時間內能做什麼？」我個人的體會，學校是一個真正可以讀書的地方，就以我任教的國立高雄科技大學建工校區為例，當我走在校園，經常可以看見在空置的教室中，總有零零星星的同學們，各個聚精會神的讀著書，或許每個人的目的各有不同，但是這種隨遇而安且彼此不影響的方式，我把它稱為「讀書的風氣」。

這些人爲什麼願意埋首苦讀，答案很簡單，就是「把握當下」。只有當下是你能左右的，包含生命與時間，因爲下一刻你不知道會發生什麼事，這讓我想到動畫電影《天外奇蹟》的一句名言：「Dreams can't wait. You never know which will come first: your tomorrow, or your end. （夢想是不能等的。你永遠不知道，明天和意外，哪一個會先到。）」我覺得每個人都可以，或是說應該，在他感興趣的領域，找到樂趣與成就感。然而，每個人在尋找樂趣的過程中，所遭遇到的困難卻是有所不同，有的人是家境問題、有的人是交友問題、而有的人則是個人問題；因爲每個人面對問題的態度不同，結果也就有所不同，有人半途輟學，而有人卻能力爭上游。因此，我的經驗是「讀書風氣」可以影響一個人的「學習心態」，這是眞的！也是我的親身經歷。

將求生意念轉換成行動

一念之間，往往會令人的思想與行爲產生質變。我經常問學生一個問題：「爲什麼會想要來念書？（指在職進修）」很多學生不諱言地直接回答我：「因爲想要國立大學的文憑。」很好！這就是一個很好且直接的動機，所以我說：「是自願的！」

我很喜歡跟學生分享「念頭」這件事，我覺的這就像潛伏於我們心靈深處的一種聲音，只是我們能否察覺到這個聲音，或是說如何回應這個「念頭」，例如考試作弊這件事……。以下是我

【第9堂課】活在當下，把握當下

每一個新學期開始，跟新生分享的一則新聞報導。

2016/06/06【中國時報／自爆小學曾作弊
台大教授、總統創新獎得主葉丙成：不要為社會期待而活】

　　台大昨天舉辦畢業典禮，由總統創新獎得主，PaGam0／Boni0新創團隊共同創辦人、台大電機系教授葉丙成以「拿掉標籤，還剩下什麼？」發表演說。他勉勵畢業生「放下台大標籤」，不要再為社會期待的頭銜、學歷而活，而是活出個人價值，如同大家只會知道嚴長壽是誰，而不記得他的學歷。他更以自己小學作弊故事向畢業生示警，「再大的榮譽與成就都不值得出賣自己的良心」。

出賣良心悔恨30年

　　葉丙成說，小學有一年跟隨父母赴美，等到小六回台考試時，發現有些國字都不認得，為了維持過去名列前茅的成績，「這也是我人生第一次作弊」。卻被一個家境貧寒、成績較差的女同學揭發，因為平常成績好，其他同學都不相信，反而言語霸凌女同學，當時她眼眶含淚、委屈的眼神，彷彿在控訴他是偽君子。他表示，這件事到現在30年無數個夜晚都忘不了，常告訴學生不要作弊，每次講這句話時，都會想起女同學的臉，過往做錯的事，只會隨著年齡增長而放大，「因為良心不會放過你」。

在職進修教我的18堂課

勉台大生放下標籤

　　他表示，在台灣社會，前輩往往急著跟年輕人分享如何成功，但實際上成功包含主客觀因素，甚至帶些運氣。作為一位師長，認為應分享失敗挫折與不足，讓同學提早了解，可能因而改變人生。葉丙成表示，自己一路從建中、台大畢業，直到赴美留學時，立志要跟外國人打好交道，等到第一次受邀參加派對時，發現大家話題都是NBA等運動或流行音樂，笑稱當年簡直是「背後靈」，還對著同學想聊課業，說沒幾句對方就藉故離開。他說，那時才驚覺除學業外，在其他方面竟如此貧乏，「人生第一次覺得自己是魯蛇」（Loser）。葉丙成說，從那之後開始讓自己多玩多嘗試，打開眼界，雖然跟專業沒有直接相關，但這些雜學對社交應對卻很有幫助。

多方嘗試活出自我

　　他說，觀察許多成功人士特色，大多講話都很有趣、充滿魅力能馬上吸引別人，這些都來自各層面的歷練，勉勵畢業生透過學習資源如MOOC（大規模網路免費公開課程）成為更豐富的人，不要成為只懂專業、其他什麼都不懂的貧乏之人。除了兩點建議外，葉丙成也期勉畢業生，要正視自己缺乏韌性、不敢面對失敗的弱點，並且多珍惜敢說難聽真話的真正好友。

　　葉丙成教授的這一則小故事，讓我對於這位完全不認識的人，敬佩萬分，同時也將之列為人生學習的榜樣。試想他已經是

【第9堂課】活在當下，把握當下

一位功成名就的台大教授，何苦要自己挖出陳年的糗事？我的解讀是應該有很大的成份是「利他」，有助於提醒學生不要重蹈他的覆轍，並且分享他的心路歷程與經驗，讓學生在人生的旅途中，可以少走冤枉路。坦白講，像葉教授這種氣度與胸襟的人，在當今的社會上可以說是屈指可數了。

活著就有機會就有希望：正向的觀念與態度

俗話說：「留的青山在，不怕沒柴燒」。由於資訊的發達，我們經常可以從各種媒體上，看見許許多多不畏逆境的奮鬥故事，例如我也很敬佩的《火星爺爺》，雖然我不認識他本人，但是他在TED Taipei的那一場演講卻激勵與鼓舞了我，其中對於「勇氣」與「和沒有借東西」兩個信念，改變了我對於人生的態度，而這一些都可歸納為正向的觀念與態度。

我覺的在職進修的好處，就在於容易聚焦在上述這些正向能量，因為專注於學業上相對其他目標來說，更為明確與實際，例如取得學位或專業證照等。在生活的困境之中，透過對於學術的追求，來解決生活上心態與實質的改善，如以下這個例子。

2022/04/26【蘋果新聞網 /

不輕言放棄，28歲青年因愛走出不同人生路】

「我想和遇到困境的人說，不要隨便放棄自己的人生，縱使遇到任何挫折，社會上總會有人支持協助你的人，但還是要靠你

自己努力去找到出路。」28歲充鑫（陳充鑫）將自身經驗勉勵他人。

5年前，充鑫的父親陳協順因腦出血中風導致癱瘓在床，母親則因大腸潰爛體弱，3口僅靠他打工月賺1萬多，難支應所需，他感謝蘋果慈善基金會捐款人愛心，讓他能完成大學學業，父親也能在養護中心受到完善照顧，減輕母親看顧上的壓力。3年前，充鑫更在大學系主任鼓勵下，靠著學貸及打工攻讀電機工程研究所，去年碩士畢業後已擔任軟體工程師工作，不只朝著自己目標前進，讓家中能夠有脫貧機會。

試想如果只把錢花費在生活開銷，最後肯定坐吃山空，但是充鑫把一部分錢用來充實自己，求取更高的知識與學位，換來的即是終身受用的一技之長，也就不需要再金錢資助。這就是在職進修的好處。

美國電影《王者理查King Richard》、《關鍵少數Hidden Figures》、以及印度電影《我和我的冠軍女兒Dangal／Wrestling competition原文：दंगल；》，皆告訴我們一件事，那就是出身低並不代表失去追求成功的權利，身為女性也不必然就不如人，當然「貴人」也是很重要的因素，例如上述電影中，《關鍵少數Hidden Figures》的任務指揮官角色，與《我和我的冠軍女兒》的父親角色。

回顧銀行業職場近30年，最感謝一路提拔我與教導我為人處事的林乾宗先生，雖然他已經退休了，但是我們還是經常保持

【第9堂課】活在當下，把握當下

聯繫。當年在他的手下任職的員工中，不乏國立大學及研究所畢業的高材生，但是他並不計較我只是一個士官學校出身，還是給我相當多歷練的機會，以及無數次的拔擢與栽培，甚至教導我如何成為一個稱職的銀行員。他那處事正直與重視操守的言教及身教，還有帶人的氣度與胸襟，一路以來都是我學習的榜樣。至今都還非常感念他的知遇之恩。我覺得自己真的很幸運，可以在職場上遇見自己一輩子的貴人。

最後，試想人活在世間，每個人的時間都一樣是1天24小時，因此，我覺得如何善用這24小時，是當「人」的終極目標，當然睡覺的時候，還是要睡覺，應該說是「把握時間」及「善用時間」，尤其是能夠「利他」就更好了。或許有人會質疑：「可是每個人的生命長短不一樣？」，我想說：「那就充實地過好活著的每一天吧！」

我的體驗是：「好活歹活總是活，好過難過也要過，不如轉移注意力，充實自我樂悠遊。」

當你探究生命的意義時，
你將會發現，人的一生當中，
有很多時間是浪費掉的。

【第9堂課】活在當下，把握當下

【第10堂课】
尋找自己生命的目標

人生在世短短數十年，絕大多數的時間都是在摸索之中渡過。有些人漫無目標終其一生，一事無成；有些人卻能立定志向，從一而終，最終成為各行各業中的楚翹。我的經驗是：「之所以會浪費時間，一個很大的原因是漫無目標。」也因為沒有目標，因此專注力無法聚焦，長期下來更容易讓自己陷入低潮，如此惡性循環下去，最終放棄人生。

其實我們如果回想一下，從小到大一定都看過無數「立志；立定志向」的成功案例，古云：「為人須先立志，志立則有根本」，一個明確的目標，可以改變人的行為並激發出人的潛能，也因此，目標的確立越早越好。以下這則報導則可印證此一觀點：

2022/06/07【自由時報 /

旗美高中首位 范傑霖繁星上牙醫系】

家住內門區的范傑霖，家裡以擺攤賣麵為生，他從小立志要當偏鄉牙醫師，上周繁星計畫推薦放榜，如願錄取高雄醫學大學牙醫系，成為旗美高中創校以來首位以一般生身分錄取第八類群（醫、牙科系）紀錄。

范傑霖說，內門沒有執業牙醫，加上家族有多人從醫，從小就立志要當醫師，由於父母以賣麵為生，為了節省家中開支，所以三年前他選擇留在家鄉讀高中，他善運網路資源學習，加上學校老師當後盾，面試前六龜區陳俊志牙醫師的面授機宜，終於讓他敲開醫學之門，未來他想到偏鄉執業……。

《名賢集》有云：「家貧知孝子，國亂識忠臣。」我覺得志向的大小，跟當事人的背景有很大的關係，成功絕對不是有錢有勢人的專利。四十年前，我就讀「陸軍士官學校」的時候，同學們多半是窮人、孤兒、原住民與農家子弟，分發到花蓮部隊擔任中士班長那一年，我剛好滿18歲。我想人處於逆境之中，或許比較能夠激發出求生的潛力。

透過在職進修，學習時間管理

一但志向目標確立後，緊接著就是如何達成的問題。想要達成目標時間的管理就很重要，不論是升學、技職或證照，都免不了讀書這件事，想要讀好書善用時間很重要，而如何利用有限的時間這件事，對於在職進修者來說絕對不陌生。

我常形容說：「在職進修者，都是時間管理大師！」需要一邊工作一邊讀書，坦白說，有時候真的是魚與熊掌難以兼得，蠟燭兩頭燒。我的經驗是：「人逢絕處生智勇」，當你適逢期末考期，公司又突然要加班趕件，怎麼辦？在職進修生會自然而然

地妥善分配時間與尋找空檔時間讀書；此時，筆記與重點整理就很重要，因為時間很瑣碎，所以份量不能太多，如此一來，就會有積沙成塔的效果。例如我負責開車送駐衛警察與同仁出去更換提款機的鈔箱，當他們下車作業後，我在車上等候的時間，就是絕佳的讀書機會。久而久之，你就會養成習慣，屆時你一定會發現，原來我們一天浪費掉多少時間與生命。

在學習時間管理的過程，讓我體會出如何提高自己生命的效率，也就是說讓自己的生命過得更有意義，減少將生命與時間浪費在無謂的事物上，例如發呆、沮喪、抑鬱、生氣及惡言相向等等。歷經15年的在職進修後，我的生命中不再有「無聊」二字。因為有太多書要讀；有太多學生需要協助；有太多題材可寫；有太多佛經可以抄；有太多人需要幫忙，就是生命不夠用。

透過在職進修，學習集中注意力

再來要談一下「注意力」這件事，我覺得所謂的：「一念之間」，這個「念頭」或「意念」很重要，因為念頭會影響到注意力，人一旦「起心動念」後，往往就會影響到行為。因此，當你能夠將注意力集中在某一件事上，通常成效會比較高；換句話說，就是比較容易成功，舉例來說「讀書」就是如此。我在大學兼課教書多年，見過許多資優的學生，沒有一個不用功、不認真的，只是每個人的方法不一樣、花的時間不一樣；除此之外，就是「作弊」。讀書沒有運氣好壞這種事，端看你下了多少苦功。

以下這則報導則可印證此一觀點：

2022/06/15【聯合報 /

沒補習上台大醫 南一中學生分享：靜下心來很重要】

　　台南一中應屆畢業生康元輔，憑著努力，學測6科考87級分，個人申請上台大醫學系，他分享，遇到學習關卡就靜下心來，會有很大的幫助。

　　康元輔說，一開始並沒有想過要以希望入學方式要申請台大醫學系，而是把目標放在個人申請上，因此希望入學沒上台大醫，並未影響自己拼台大醫的鬥志，而是繼續朝著自己的規畫做，因沒有補習，就勤寫模擬試題，增強能力。

　　我多年在職進修的經驗，發現其實意念的控制並不容易，大人都做不到了，更何況是小孩子，例如拒絕誘惑、偷懶及貪念等等，都會影響你想要「靜下心」來的決心，一旦無法靜下心來，想要集中注意力就更難了。我也曾經觀察過我們家小兒子，專注於網路游戲「英雄聯盟」與「俠盜列車手」時的神情，那種全心全意的專注力。於是我開始閱讀與思考，修行的出家人究竟是如何做到「不起心、不動念」。

　　在深入了解出家人如何靜心之後，我發現實在太難了！有一次我在準備期中考時（當時就讀二技進修學院），無意間發現，原來準備考試的過程，就是一種集中注意力的方式，就連後來寫論文、做研究都是相同的道理。這個無意間的發現，就這樣支撐

【第10堂課】尋找自己生命的目標

我繼續念完碩士班與博士班，前後花了9年半的時間。

透過在職進修，確立生命的目標

　　我一直鼓勵年輕人在職進修，包含我的弟弟、妹妹與太太，因為我覺得在職進修與做任何工作都沒有衝突，哪怕你是出家人、家庭主婦甚至是退休人士，在我的學生當中，這些人一點都不稀奇。其實求學階段的歷程，並無捷徑，更何況大部分在職進修者都是上班族，意味著沒上班就沒收入。願意在職進修，就代表你選擇相信未來是存在的，所以你願意犧牲休息時間。相信我，當你有一天回頭看時，你會很慶幸時間並沒有被浪費掉，光是這一點就值回票價了。

　　其實人生的意義，因人而異，沒有對錯，也沒有好不好。我常在想，如果我們能夠及早釐清或是找出自己人生的意義，年輕人是不是就比較不會「誤入歧途」與「浪費生命」，尤其是國中、高中、高工及高職階段的學生，所以我一直分享在職進修的理念，鼓勵那些被誤認為不會讀書或不愛讀書的小孩，及早找到自己的生命價值。而「求學」就是一條相對簡單的路徑，因為求學的過程，會讓一個人潛移默化學會思考，一旦養成思考的習慣與能力，找出自己人生的意義，自然就水到渠成了，接下來只需要持之以恆。以威廉·高汀（William Golding）創作《蒼蠅王LORD OF THE FLIES》一書為例，據說該部作品曾經被二十一家出版社拒絕，好不容易才於1954年出版，甫出版就頗受好評，

現在該書已被列為「英國當代文學典範」，成為英國大、中學校文學課的必讀經典。

關於這個目標的設定，建議讀者可以從小目標開始養成。以我的在職進修歷程為例，從二專夜間部開始計算，至二技進修學院到碩士在職專班，最後挑戰博士班，前後總計15年半。雖然人生的目標並非只是「讀書求學」一途，但是這是我的親身經歷，而且證明確實是可行，我希望能夠分享這段經驗談，提供給有意願選擇這條道路的讀者們參考。

我非常感謝我的恩師楊敏里博士，一路上的引導與解惑，沒有她的鼓勵與鞭策，我不可能走完這段在職進修的歷程。而我也一直提醒自己，絕對不能做出有辱師門的行為，而且要盡力幫助學生，我想這一點是我對於楊老師知遇之恩的小小回報。

我的體驗是：「若問人生何處去，天地之間任遨遊。」

所謂的業務高手，究竟是銷售有形的商品，
還是洞察與掌握無形的人性。

在職進修教我的18堂課

【第11堂课】
從識人開始的業務心法

　　從事銀行授信業務多年後，我發現顧客不是嫌銀行的利率比較高，或是各項管理費用比較多，而是顧客覺得他這筆錢花得不值得，簡單說就是CP值（cost-performance ratio；性能和價格的比例）夠不夠高，這就牽扯到業務的談判能力與技巧。在銀行授信業務的最高境界是，放款安全性十足（沒有倒帳風險），收益性高（利率與管理費用高），客戶還對你滿懷感激（猛點頭稱是）。

　　「解決痛點即是亮點！」這是我在就讀博士班時，在指導教授李慶芳博士的引導下，體會出來的一句話。用在職場上，就是有能力解決顧客的問題，問題越複雜、越棘手的業務，通常越沒有銀行願意承接。此時，顧客願意拿出來的擔保品就越多，願意付出的利率與管理費用也越多，事成之後也最會感謝你。這是我在華泰銀行台南分行擔任分行經理時，親身經歷的真實感受。

　　先搞清楚你的客戶究竟是哪一種屬性，是我累積多年業務心法的起手式，就是KYC（Know Your Customer；瞭解你的客戶）」。我的觀察與經驗，客戶至少可歸納為以6種型態來分類，我將之稱為「識6人」：

第1：「理智型」與「感性型」的顧客

切記！千萬別先急著套交情，簡單說就是別主動牽「親」引「戚」（台語）。通常我會先等客戶開口，再由客戶的談話內容來「順藤摸瓜」。

如果顧客是單刀直入，直接問產品（成數、期間等）、價格（利、費率）等，完全不說廢話，這種屬性的顧客，我心裡就會將之歸類為「理智型」的顧客。交談內容就以直接回答問題及討論產品內容為主軸，不要顧左右而言他，這種顧客通常只想要聽答案。這種客戶比較不吃「人情」這一套，通常會直接比較各銀行條件的優劣來取捨。

如果顧客一開始就主動聊你是哪裡人？你的腔調？等等話題，那就不急著談產品，我心裡就會將之歸類為「感性型」的顧客。因為這種顧客通常是交遊廣闊愛交朋友，而且很熱心照顧外地人，這種客戶比較講人情，通常可透過拜託或是給面子，就是透過「承蒙大哥照顧小弟我……」的談話過程來成事。我在華泰銀行台中分行擔任分行經理時，承蒙同為高雄人的寶峽建設徐大維董事長，念及同鄉緣份，讓我順利作成第一筆生意。

對於這兩種類型的顧客，我的心法是，拜訪舊顧客前必須先做功課，拜訪新顧客時，則是謹遵顧客沒有說出口的話題，千萬不要主動提的原則。例如，小孩。我就曾經親眼看過同業的公股銀行經理人，湊巧同一時間拜訪同一個客戶，只見該名經理滔滔不絕，口沫橫飛地炫耀他的兒子是多麼優秀，建中畢業，現在

念台大醫科，將來前途一片光明。一旁的副理臉色尷尬，董事長（顧客）不發一語且臉色鐵青的泡著茶，全場只剩這名不明就裡的經理，繼續大放厥詞著。事後才知道，原來該名經理剛從台北的副理職缺，榮升到南部分行來當經理，根本不了解這位顧客的痛點，顯然，副理事先沒有先告知新任經理，這位董事長的獨子去年才剛病故。

第2：「威權型」與「隨和型」的顧客

切記！若顧客在場，對方還沒坐下時，千萬別急著坐下，尤其是當對方是高級主管或董事長身分時，更必須謹守分寸，這是顧客對我們的第一印象。

如果顧客的第一句話是：「鐘經理，請坐」，那麼我的經驗是，這種屬性的顧客，我心裡就會將之歸類為「威權型」的顧客。這種顧客通常比較嚴謹，不能隨便開玩笑，對他來說，他請你坐你才坐，這是應有的禮節。這種顧客比較不喜歡耍小聰明的做法與銀行；因此，口才越好生意越容易搞砸，中規中矩，少說話，專心聽訓，留下好印象反而容易成事。

如果顧客的第一句話是：「來來來，坐啦！經理伯仔（坊間企業老闆對銀行經理的暱稱），你的頭髮漂泊喔（台語）！」我心裡就會將之歸類為「隨和型」的顧客。這種顧客通常比較親切，能開玩笑，重視透過對於話題的回應，例如運動、收藏、投資等等，如此一來，現場氣氛也比較可以透過共通話題來炒熱，

最後拉近彼此之間的距離。

對於這兩種類型的顧客，我的心法是，千萬不要主動開玩笑，通常我會先謹守自己為「客」應有的禮節，待「主」（顧客）表態後，再來進一步「阿諛奉承」。我曾經遇過一位年近70歲，而且很風趣的上櫃公司董事長，我們恭喜他的長子喜獲麟兒，他卻開玩笑的說：「內公不算是正（眞）公，外公才是正（眞）公啦！」，正當我們一頭霧水時，他接著笑說：「我的媳婦生的，不一定是我的孫子，但是我的女兒生的，肯定是我的孫子！」，語畢，大家笑成一團。試想這個笑話如果是來自銀行經理的口中，而顧客正是屬於威權型的長輩或顧客，後果的嚴重度，肯定是不堪設想。

第3：「吹牛型」與「保守型」的顧客

切記！在顧客的面前，你永遠不如他，千萬不要跟客戶比較，例如學歷、人脈、財力，甚至是小孩有幾男幾女，在我的經驗中，這是作業務的起手式。

如果顧客在進入主題前，開始吹嘘他的政黨關係與人脈，尤其是提到每位重要人士的時候，都是以對方的小名或暱稱來稱呼，那麼通常八九不離十，這個客戶多半屬於「吹牛型」的顧客無誤，這種顧客最愛別人吹捧他，意卽愛聽好話（指恭維他的話）。

如果這個顧客對於所擔任的要職或正面評價，回應的雲淡

風輕，且你不講他就不回應，那麼這種顧客則多屬「保守型」。這種顧客比較內斂而且低調，不會輕易掀出底牌。而這種客戶雖然話不多，但是多半比較敦實，不喜歡炫耀自己的財力或社會地位，我發現這種顧客反而比較重視「情分」。

　　台南知名建商居易建設公司董事長吳慧萍跟我素昧平生，我剛剛接任華泰銀行台南分行經理時，急需業績讓分行盡快轉虧為盈，於是吳董事長好意將一塊土地的購地貸款讓我們做，不料她的主要往來銀行○○銀行的經理，發現這筆大生意，極力爭取想從中攔截，吳董事長無奈之餘，只好也答應○○銀行經理，最後看兩家銀行的貸款金額與利率再做決定。一個月後，結果揭曉，我們銀行的貸款金額比○○銀行少，貸款利率也比○○銀行高，但是奇怪的是最後吳董事長決定，還是把這一件業務交給我，然後又拿了另外一筆土地貸款給○○銀行做業績。我百思不解原因為何，吳董事長對我說：「你是外地來的經理，人生地不熟，比較需要業績，○○銀行經理已經跟我認識很久了，業績也做很多了，不缺這一筆啦，你應該比較需要！」直到今天，我還非常感念吳董事長當年的支持，事後我以很虔誠的心，用毛筆抄了一部「金剛般若波羅蜜經」贈送並迴向給她。

　　當然，顧客的屬性不全然是二分法，也不全然就如同我的分類方式，但是若能先簡單分類，一來可以縮短溝通的時間，二來可以掌握溝通的節奏與主軸。近30年的銀行經驗，在吃過幾次虧後，到頭來我發現，其實什麼屬性的顧客並不重要，最重要的是必須「待之以誠」，就是「真誠」與「誠實」，不論是我們對客

戶，還是客戶對我們，都一樣。

　　記得我剛擔任分行經理的時候，有一回，同事很高興地請我陪他跑一個客戶，說是他的同學家裡想要買一間廠房，貸款的部分要給我這位同事作業績，於是我們興沖沖地去登門拜訪，對方是一家聽說光是月租金收入就有上千萬的公司，由第二代經營著，對方很客氣地招呼我們，說是因為少東與我們同事是同學的關係，因此，希望由我們銀行來承辦公司貸款，說是給我同事做業績。沒多久，我同事就收到這位少東來電表示，另外一家銀行也在爭取這個案子的訊息，不過他個人都是站在我同事這一邊，只不過母親還掌管著公司財務大權，他也還要請示才能做決定，希望我們銀行貸款的利率可以壓低一點，他也比較好跟母親爭取。我們經過數月的努力，貸款案終於核准下來，年利率是2%，對方表示我們銀行的貸款利率太高了。以當時的利率水準，這已經是非常低的利率水準，該位少東表示另外一家銀行的利率更低，只要1.55%而已，於是我再次向這位同事確認，這個條件確認過嗎？同事說回答我說，前一晚還親自接到同學母親來電表示：「利率1.55%就讓你做業績！」，於是我判斷長者做生意通常有「一言九鼎」的特性，於是就硬著頭皮，四處懇託總行的幾位長官們幫忙，支持我們將利率再往下壓，終於獲得我們銀行總經理的勉強同意，因為這種利率，對於我們銀行而言，已經將近沒有利潤了，沒想到就在我們使盡洪荒之力將利率壓到1.55%後，對方竟然說，因為另一家銀行同意將貸款利率再降到1.45%，於是他媽媽心動了，決定要將該筆貸款交給那該銀行承

做。

第二天，我們這一位同事拖著失落與疲憊的心情來上班，同事們都覺得他被耍了，而我則是勸他看開一點，商場如戰場，哪來的人情可言，只不過是被利用罷了，不要太難過，下一次要再精明一點，就不會白費工了。

經過這件事我才驚醒與明白，原來我一直認為，銀行前輩口中所說，以前的長輩做生意是「一諾千金」，通常只憑一句話就是代表信用，現在看來簡直就像天方夜譚，我想那個年代早已經一去不復返了，世風日下人心不古，除了利益之外，哪來的人情可言。從此，我都會用這個案例，分享給新進同仁，勸告他們千萬不要肖想透過人情來爭取業績，否則下場將會讓你大失所望。還有要記得一點，那就是做生意也要講究門當戶對。

我的體驗是：「人圖精明費心貪，天理昭彰終究還，笑看人生千百態，早有聖賢警世章。」

當我們發現壓力不可能消失時，
或許轉個念頭，那就學習如何駕馭它吧！

【第12堂課】
與壓力共舞

　　人生在世，只要活著，每天一睜開眼睛，就會面對許許多多的挑戰。而這些形形色色的挑戰，就會形成一種「壓迫的力量」。「壓力」是一種負面的心理狀態，如影隨形的潛伏在每個人的心靈深處，人們一旦心理上感到「不順遂」，壓力馬上就現出原形，深深影響我們的心理與生理。

　　每個人都會面臨不同的壓力，絕不只是職場。以我的例子來說，在民營銀行上班，業績壓力破表，走到哪一家都一樣；經營事業的老闆，面對瞬息萬變的市場，一個中小企業，往往肩負著10幾個家庭生計的社會責任，老闆的壓力何嘗不也是一樣破表，也就是說家家都有本難念的經。話又說回來，不用工作的學生難道就沒有壓力嗎？我想身為現代家庭的父母，看到以下這則報導肯定感觸很深。

2020/11/14【HEHO健康新聞／青少年自殺率上升！
　專家指：壓力自殺平均醞釀2個月，5大關鍵別忽視】

　　台大生期中考周短短5天，就傳出3起學生跳樓、上吊尋短案件，讓大眾關注到青少年的自殺問題。台灣2019年自殺通報達3.5萬人，平均每1小時就有4人有自殺企圖必須送醫。近年青少年自

殺死亡率也逐年上升，值得社會關注。

2019年自殺企圖通報資料統計結果發現，與2018年相比，14歲以下及15至24歲自殺通報人次占率上升，其他年齡層則為下降。14歲以下及15至24歲的自殺企圖者中，除了情感問題與精神疾病問題外，校園問題也是主要自殺原因，自殺是多重因素造成，為生理、心理、社會及經濟文化環境等互動的結果。李明濱指出，統計發現，若因重大壓力導致自殺，平均約需1至2個月；若因嚴重精神疾患導致自殺，過程可能也要1年，甚至15年。可見及早介入，大家同心協力，可避免憾事發生……。

在我近20年的教學生涯中，經常會有身為企業主的在職進修學生，跟我聊到經營事業上的壓力，想要聽聽我的意見，於是我有了分享這個主題的念頭。因為我覺得，若是我以過來人的經驗來分享我的心得，以及如何走過來的法，可以提供讀者們參考，或許可以減少一些憾事發生，我想應該也可以算是一件小小的功德吧。

壓力是百病之源

每個人對於壓力的適應程度不一樣，承受的程度也不一樣，我把它稱為「壓力胃納量」，就好比是吃「buffet」一樣，有人三兩盤就飽了，有人的胃就像無底洞一樣，滿滿的一盤接一盤。我感觸最深的是我所從事的銀行業，尤其是民營銀行，經常耳聞

女性從業人員罹患乳癌的訊息，高階主管有，基層行員也有，而且比例相當高，最直接的懷疑因素，就是職場壓力過大。

然而，生理上的徵兆往往容易發現，但是心理上的負擔卻是不易查覺。俗話說：「藥療不如食療，食療不如心療」，《靈樞經》亦云：「悲哀憂愁則心動，心動則五臟六腑皆搖。」可見心理上的問題才是源頭。但是生理上的疲勞也不可以忽視，就我來說，我在上班之餘，兼任大學進修學院在職進修班的教職，這些學生清一色都是上班族，有職員、有老闆、也有公務員，經常有學生在課堂上打瞌睡，在「風險管理」課程上課時，每當有學生打瞌睡，我都會要求他（她）們直接趴在桌上睡，一開始學生都會覺得我的要求很好笑，我就會循此機會教育一下：「不是睡覺時間想睡覺，代表你的身體告訴你，你現在已經累了，這是一種生理上的警訊，是過勞猝死的徵兆，所以你最好趕快趴著睡一下，這就是風險管理！」從此，學生就不再打瞌睡，而是乖乖的趴著睡。

在職進修多年的體悟是：「欲解難題，必先溯源探本，方能對症下藥。」其實我們回想一下，從小到大肯定讀過不少書，但是我們捫心自問，花過多少時間思考？（請參閱本書，第2堂課：思考的層次，以及第4堂課：關於開竅這件事），多思考有助於我們釐清問題的本質，進而尋找出最佳解決方案。

認清壓力是不可能消失的殘酷現實

切勿逃避壓力，因為不處理壓力，不代表壓力就不存在。而錯誤的處理方式，往往適得其反，反而容易讓自己掉入更痛苦的深淵。人生沒有過不了的坎，要用對方法，才不會遺憾終身。

2022/06/21【聯合報 /
涉毒毀前程 前電台主持人再犯】

中山警分局指出，警備隊員警六月十九日凌晨三時許在松江路一帶巡邏遇見五十六歲男子，和警方目視後，慌張轉身欲離去，員警認為他神色異常、形跡可疑，上前盤查，查獲洪持有約三公克安非他命毒品及吸食器，另有一個疑有殘沾的手機殼。該男子坦承吸毒，表示是因為待業中，家庭、工作壓力大，才會施用以前留下來的安毒消除疲勞，非常懊悔。

因此，學習正確的處理壓力方式與態度，對於現代人來說，是一項非常重要的人生課題。

我經常跟研究生分享做研究的心態，不要害怕寫論文，而是要抱持很高興的心態來寫論文，主題最好能跟工作有關，如此一來比較容易「學用合一」。話說回來，研究生寫論文的過程，本身就是一種學習「做學問」的方法與過程；例如我們想要解決「壓力」的問題，首先就必須定義什麼是壓力？壓力的本質與特徵為何？來源為何？壓力對於現代人的影響為何？等等，接

下來就要查閱文獻，有哪些人研究過這個議題？研究發現與成果爲何？這就是站在巨人的肩膀上看世界，在既有的研究基礎與成果上，再提出更進一步的研究成果，然後透過個案的觀察與訪談或問卷的發放，或是找出受訪者對於壓力的看法與意見或個人體驗，最後透過對於現況的反思，提出解決問題（壓力）的方法。這個過程其實是充滿樂趣的，而且這個做學問的方法，不論是運用在學術、工作或人生上都非常實用，這是我的眞實體會，提供給讀者們參考。

如何與壓力共舞

其實舒解壓力的方式有很多種，只要上網問一下舅公（台語；南部中小企業主對於google大神的尊稱），你就會發現方法非常之多，不外像是呼吸、宣洩、睡眠、運動、放鬆及旅遊等等。我的經驗是透過在職進修的過程，至少還可以學習到以下三種方法：

技巧一：借力使力，壓力其實會轉換成動力的來源

當你感受到壓力時，不妨抽個空，邊散步邊思考一下，自己的壓力究竟是如何形成？我發現大部分壓力的來源是「由外而內」，簡言之，就是在外部因素的刺激下，影響到當事人心理的平衡狀態。例如業績的壓力，讓你坐立難安甚至失眠；又例如考試的壓力讓你喘不過氣，這些狀況我都親身遭遇過。

【第12堂課】與壓力共舞

我的經驗是，當你感受到壓力時，可以轉個念頭，找到一件重要的「事」來做，不要讓自己閒下來。而在職進修這件「事」，就夠你忙了，例如交報告、期中考等等，若你不想到學校上學，也可以「報考專業證照」來取代「在職進修」，都有很好的效果。或許讀者會想反問，工作上的壓力已經夠大了，再加上在職進修的考試壓力，不會更慘嗎？

　　老實說，在職進修之初確實如此。直到後來就讀研究所碩士班時，我才恍然大悟，其實我們都忽略了自己的「潛力」，所以說「人逢絕處生智勇」，這也是我常跟同事與學生分享的一句話。於是我開始轉換心境，例如業績不好時，我就去學校圖書館，找一些記載別人成功過程的書籍，你會發現裡面記載了許多成功業務員的獨門心法，就如同少林寺的藏經閣一般。因此，在職進修其實不會只是有形的上課與考試，無形的功能之一，就是教你學會「做學問」的方法。當你找到解決業績不好的辦法時，壓力自然就會減輕，接下來就是能否能夠努力去做的問題了，只要持之以恆，達標通常不是問題。請試想如果沒有壓力，你會想要這麼做嗎？我常跟學生分享，當業績不好的時候，可以去圖書館借一本書籍或電影《當幸福來敲門The Pursuit of Happyness》來看，你會發現，比起故事中的男主角，你我都幸運與幸福許多。

技巧二：負負得正，壓力其實會轉換成經驗的累積

　　當你感受到壓力時，仔細體會一下，你會發現壓力其實是

有大有小、有重有輕。我發現如果能夠累積克服小壓力的經驗，將來面臨大壓力時，就比較能夠從容的應對。當你處理壓力的經驗，累積的越豐富，你就會慢慢感覺到，壓力好像變少了。例如我所從事的銀行業，處理客戶申訴，早已成家常便飯，原因是源自於長期累積的處理經驗；然而相同狀況發生在一位資淺的主管身上，卻是使其寢食難安、徹夜失眠，不論我怎麼勸說她：「別擔心，沒那麼嚴重啦！」她還是難以釋懷，經過數日的煎熬，直到問題解決後，才得以放寬心情。

　　我的經驗是，當你感受到壓力時，可以告訴自己這是一種經驗的累積。就像我分享業務心得給我們家大兒子為例，他在一家船務代理公司擔任業務員的工作，每天下班後，滿嘴「貨櫃經」，像是今天又被掛了幾十通電話、成功傳出去幾張報價單、有幾個客戶竟然主動回電話給他等等。我以做業務過來人的經驗跟他分享，其實這一些都是一種壓力，只是你還沒感覺到很急迫，我請他回想第一天陌生電話拜訪客戶（俗稱call客）的情景，是不是很挫敗？那第二天呢？第三天？直到不知道從哪一天開始，有了傳出報價單的機會，又不知道是哪一天，竟然有客戶主動回電，這種「自我心理建設」的方法，是我透過在職進修學來的。對我而言，這是一種「回顧」，但是對一個職場新鮮人來說，則是一種「啟發」，因此，我很喜歡跟人分享在職進修的好處。如我上述所說，其實壓力不全然是個壞東西，端看我們如何跟它相處？甚至是如何利用它？當累積夠多的經驗，壓力自然就不成問題了。

技巧三：關關難過關關過，壓力其實是一種磨練的契機

當你感受到壓力時，代表這一件事對你而言很重要，而你也很在乎，所以才會因為期待上的落差，而產生壓迫感。奇妙的是，這種壓迫感會隨著處理經驗的累積而減輕，我發現處理壓力很像在打疫苗，就如同我們從出生到死亡，必須注射各種不同的疫苗，而疫苗本身就是一種病毒。

2022/07/24【康健雜誌 /

疫苗關鍵9問：關於疫苗，我們應該知道什麼？】

疫苗大致分成兩種，一種是死的病毒，一種是毒性降低的、活的病毒。疫苗接種的原理，是讓人體免疫系統的淋巴細胞，在接觸死亡或減弱的病原菌之後，形成記憶型淋巴細胞，也就是抗體。日後病原菌入侵後，就能迅速反擊，保護人體免受侵害……。

所以，如果可以改變自己的心態，不要排斥壓力，而是將壓力當成是磨練自己的契機或是挑戰，當你成功解決壓力之後，回頭來看，你會發現自己增添了一股成就感與自信心。就如同馬可·奧里略（Marcus Aurelius）《沉思錄MEDITATIONS》卷六第十一節所言：「當你在某種程度上因環境所迫而煩惱時，迅速轉向你自己，一但壓力消失就不再繼續不安，因為你將通過不斷地再回到自身而達到較大的和諧。」在面對下一次壓力來臨時，你就會發現自己變的從容許多。這種感覺往往需要經過多次

的磨練，才能體會出來。重點來了，若能快速吸收別人的經驗，便可省去自己許多撞破頭的時間，而這一點正是我撰寫此書的最大目的與心願。

　　我的體驗是：「人人都有壓力鍋，紓壓方法樣樣有，若選旁門左道走，後悔莫及難回頭。」

發現問題需要細心，面對問題需要勇氣，
剖析問題需要冷靜，解決問題需要智慧。

【第13堂课】
解決痛點，即是亮點

　　人生經常會遭遇到許許多多的問題，有些人能夠坦然面對，有些人卻選擇逃避。職場30年的資歷，見過很多「卸責者」，深究個中原因，還是源自於逃避的心態、愛計較及自以為占便宜等等自私自利的心態。

　　當我還是一個小行員的時候，就曾經共事過一位分行的副理，只要是好事，他就一定會長篇大論標榜自己有多厲害，這個分行要是沒有他，早就完蛋了。如果是壞事，他就一定閃得遠遠。例如當需要跟客戶道歉時，他一定是推給部屬或請經理出面處理，如果是業績好，或是完成某件任務時，他就急著四處宣揚、向上邀功，擺出一副功勞都歸他的模樣。我記得他的口頭禪是：「要不是我……，這一件早就……。」當時我雖然還不太懂，但是我記得每次只要他一說完口頭禪，同事們就私底下一直竊笑。

　　我就讀高雄縣燕巢國中時，導師劉建邦老師是一名外省籍的國文老師，上課時總操著一口濃厚的鄉音，他知道我年幼喪父，家中經濟欠佳，還有兩個弟弟妹妹要升學，於是鼓勵我去念陸軍士官學校，除了自己有薪水可以領，家裡也可領些柴米油鹽補貼，既可以讀書又可以解決家中之困境。於是我決定接受他的提

議，我記得很清楚，當時劉老師對著我們幾個同學說：「去士校要記得認真讀書，將來成為一個『儒將』，而不是『武將』。」現在回想起來，我當時選擇念士校，不但解決了家庭的經濟痛點，也奠定我日後領導統御技能的基礎，最後轉變成為我人生後半段的亮點。

對於痛點的「知」

以人為例，人事問題往往是擔任主管時，所必須面對的第一個問題，也是最重要的問題。而組織當中也往往存在許多，所謂的「問題人物」或「頭痛人物」。我在擔任中華銀行消費金融部南區作業中心經理時，轄下有300多人，所屬單位分布自嘉義到屏東，就曾經有一位主管，每當我到他的單位督導時，他就開始向我抱怨，他的單位中，哪個部屬不行、哪個能力太差、哪個爛透了、哪個又怎樣等等，最後只有他自己最認真、能力也最好，此時他忘記自己的身分，他正是這個單位的主管，難怪這個單位業績差，員工抱怨也最多。於是我跟他分享，員工的素質就好比五隻手指，有長有短，若是沒有表現差的員工，請問你年終考核的C要給誰？

《幼學瓊林》所道：「孤陰則不生，獨陽則不長，陰陽和而後雨澤降。」原意為，單獨的陰，是不能生育的，單獨的陽，是不能成長的，陰陽調和，雨水方能下降。我則將之引伸為組織中之人事，「一言堂」絕對不是一件好事，把意見不同的員工，或

是能力欠佳者，歸為「問題人物」或是「頭痛人物」，對於組織而言，絕對是永無寧日。必須先釐清問題的本質，如果員工違反行規，就依行規處置，如果事情做錯則要求其改正，若屢勸不聽則依情節輕重處置，相信大家都會心服口服，而不是一句「他不行啦！」來評斷一位員工的表現，我想這種領導方式，難杜悠悠之口。

就如同法國名將薄富爾（Andre Beaufre）在其巨著《戰略緒論（An introduction to strategy）》中所言：「一切的失敗，歸根究柢，其最後的原因即為無知。」而這個觀點，鈕先鐘教授在其《孫子三論》一書中提到，此種觀念與《孫子兵法》中所云：「知之者勝，不知者不勝」，是幾乎完全符合。相信讀過孫子兵法的人都知道，在孫子全部的思想體系當中，最重視的觀念之一就是「知」，因為不知即不能行，就更別說想打勝仗了。

所以說這裡的「知」，指的就是問題的本質，就是痛點。

逃避問題，意謂著將失去發光發熱的機會

當人人避之惟恐不及的時候，或許也是一個千載難逢，讓你嶄露頭角的機會。記得我當年臨危受命，接任華泰銀行彰化分行經理的時候，因為分行在管理上出了問題，員工士氣大傷，一夕之間走了大半員工，分行員工人數加計我僅剩5人，雖然看起來像是個爛缺，但是在同仁們眾志成城的努力下，很快就翻轉總行長官們的印象，甚至讓董事長刮目相看。可以說解決了組織的

「痛點」，造就了我個人的「亮點」。

據同事私下聊起，當時總行徵詢過不少分行經理人選，結果沒人願意去收這個爛攤子，在總行人事命令發布的那一刻，很多同事都很訝異，怎麼會把我從高雄調去彰化，我則回應說是總行對我的厚愛與器重。現在回想起來，如果說我當時算計這是一個爛缺，根本就做不起來，然後用我有3個小孩，以及與老母親同住需要照顧為藉口，拒絕了長官的徵召，或許我今天不但無法獲得長官的信任與青睞，可能反而失去更多，所以有一句俗話說：「人算不如天算。」《新約聖經·馬太福音》也說：「你們的話，是就說是，不是就說不是；若再多說，就是從惡裡出來的。」我想箇中原因就是在此。

話雖如此，當勇於面對問題時，也必須具備解決問題的能力，而在職進修則是一種培養解決問題的管道之一。原因就在於透過對於理論與實務的結合，讓你開始學會「觀察」與「思考」，這兩項基本功。就讀碩士班「撰寫碩士論文」，就是一種很好的訓練，就像是少林俗家弟子下山前，必須通過「十八銅人陣」的考驗一般，把你的所學淬煉成一本論文，這個過程其實就是訓練你，發掘問題與解決問題的歷程，我把它稱為學習如何「做學問」。

培養自己解決問題的能力

解決問題的時候，有人靠「權力」，可是往往容易讓人口服

心不服，也有人靠「智慧」，不但令人心服口服甚至佩服。想要有智慧或長智慧，非讀書不可，這裡的「讀書」不盡然全指「在職進修」，有些人透過「自學」亦可達到相同效果，只是在職進修比較有計畫，按部就班，學習的效果比較容易控制。

我的經驗是，在職場上，解決問題的能力往往來自於「經驗」的累積，不論是自己的或是來自於其他人的。畢竟這些經驗都是過去式，在面對新問題時，或許能夠比照辦理，但卻往往容易受限在既有的框架之中。一旦超出框架之外，就會常常聽到一句話：「不可能啦！」而這一句不可能，從此就阻斷了我們培養自己解決問題能力的大道。

因此，想要擺脫人云亦云的框架，就必須透過個人在見解上的突破。何謂「見解」，依教育部辭典的解釋，見解是對於事物經過觀察、認識後，憑自己的理解所產生的看法。於是我將「見解」區分成三種層次，分別是「獨見」、「新見」與「創見」，我將之稱為「三見」，分別說明如下。

如何產生自己的「獨見」、「新見」與「創見」

人云亦云，乃普羅大眾之常態。如同晚清吳趼人所著長篇章回小說《二十年目睹之怪現狀》第一百一回所言：「雖然是非曲直，自有公論；但是現在的世人，總是人云亦云的居多。」因此，我覺得人云亦云者，難有「獨見」、「新見」及「創見」，我把它稱為「三見」。這三見最能培養出自己解決問題的能力。

【第13堂課】解決痛點，卽是亮點

而我的經驗分享是，可透過以下三種技巧來產生自己的「三見」。

技巧一：「獨見」源自於從差異當中找意義

這是我就讀博士班的時候，指導教授李慶芳主任教我的觀察與思考的方法。從差異中找意義，指的是A與B有何不同？為何不同？何以不同？不同之處有何關係？不同之處代表什麼意涵？如此一直深入探究下去。

此處的「獨見」，指的是自己獨特的見解，純粹依據自己的理解所產生的見解，這種見解有別於人云亦云，是一種獨特的風格。

舉例來說，我在擔任華泰銀行台中行一職時，甫接任之初，發現分行績效不佳，而加班費卻居高不下。深入了解原因後才發現，原來是由於分行績效不佳，員工擔心太早下班會被總行責怪，因此，經理不下班，大家都不敢走。於是我宣布下午六點半前必須準時關門，否則一律歸為能力不佳，起初大家還半信半疑，後來下班時，看見大夥兒臉上都掛著笑容，果然分行的績效就越來越好了。

技巧二：「新見」源自於在不疑處提出質疑

這是我就讀博士班的時候，在撰寫博士論文的過程中，無意間發現的一種觀察與思考的方法。在不疑處有疑，指的是大家都說A是好人，B是壞人，但是仔細想一下，A有沒有可能是假好

人？B有沒有可能是假壞人？A好在哪裡？B又壞在哪裡？A與B
的差別在哪裡？如此一直深入探究下去。

此處的「新見」，指的是在舊的觀點上，加入新的元素。這
種見解也是有別於人云亦云，是一種補充的性質。

舉例來說，我在擔任中華銀行消費金融部南區作業中心經理
時，原本銀行審核民眾現金卡的申請時，僅就書面資料進行徵信
作業，頂多加上電話照會申請人所提出的資訊；然而，有同事外
出買午餐時發現，銀行門口總是有數名中年人在門口徘徊，經過
抽絲剝繭後發現，原來是地下錢莊業者，將債務人「帶來」申請
現金卡，待申請核准後，再要求申請人直接至提款機提款，並立
即取走該筆金錢。簡單說就是將該筆債務轉嫁給銀行，最後債留
銀行。從此，我要求分行在審核現金卡時，必須查看一下分行門
口的攝影機影像，若有此情形者，則加強審核作業或逕行拒件，
以避免問題重複發生。

技巧三：「創見」源自於永遠不設限的假設

這是我就讀博士班的時候，跟隨李慶芳主任學習質性研究方
法時，所受到的啟發。不受限的假設，指的是B說A是殺人犯，
而C在一旁附和，但是有沒有可能人不是A殺的？假設人不是A殺
的？有沒有可能B或是C才是殺人犯？假設B或C才是殺人犯，那
他們又有何證據說是A殺的？B或C又如何證明自己沒殺人？如此
一直深入探究下去。

此處的「創見」，指的推翻原有的觀點，提出全新的見解。

【第13堂課】解決痛點，即是亮點

這種見解也是有別於人云亦云，是一種創新的性質。

舉例來說，我在元大銀行金門分行擔任經理時，有一次，透過小三通前往大陸廈門市拜訪客戶，我發現許多人會到免稅商店，購買一瓶洋酒與一條香菸，到了大陸廈門五通碼頭後，馬上就有人過來收購。回程時，許多人又會去廈門的中華老街區的商店街買兩包香菇，返回金門後再賣給特產店。這一往一返的價差，剛好就補足搭乘小三通船班的交通費。姑且不論是否合法，是不是一個很神奇、很有創見的生態鏈與交易（商業）模式。

【警語：免稅菸酒品僅限自用或餽贈親朋好友，若利用臉書、LINE、露天、蝦皮等網路方式轉賣，依我國菸酒管理法規定，將以販售私菸酒論處。】

因此，如果我們能夠透過「三見」來培養自己解決問題的能力，相信解決痛點並非難事。當然，或許並非能事事盡如人意，但是只要出發點是良善，而且且是勇於任事，相信每一次解決問題的經驗，都能內化成未來接受挑戰的能力。

我的體驗是：「痛點之所以會痛，是因為大多數人都不願意付出；亮點之所以會亮，是因為少部分人願意付出。」

秋蛾破繭時時難，舞蝶花間處處香

【第13堂課】解決痛點，即是亮點

【第14堂课】
價值的蛻變歷程

　　我要先說個小故事。

　　很久很久以前，在一個很遙遠的地方，有一個年輕人叫小明。有一天小明走在路上，無意間發現路邊有一塊銹蝕的廢鐵片（資料），左顧右盼了一下，眼看四下無人，於是將其撿了回家。

　　幾天後，小明心血來潮突發奇想，在大學主修機械的背景加持下，不出幾天的光景，竟將這一小塊廢鐵，打磨成一柄鋒利無比的匕首（資訊）。從此，小明隨身帶著這柄匕首把玩。一日，小明上街遊蕩，遇見幾名小混混找麻煩，雙方互看不順眼，一言不合就大打出手，小明俐落地抽出匕首當武器（資源）自衛，小混混們雖仗著人多勢眾，卻苦無一物以恃，最後僅能赤手空拳面對，說時遲那時快，小明手起刀落，連傷數人，小混混們見狀一哄而散落荒逃竄。次日，老大質問眾人傷勢由來，小混混們不敢提起鬥毆落敗之慘狀，反而加油添醋小明匕首之利害。

　　數日後，老大登門拜訪小明，探詢小明手上匕首之來歷，小明心生一計，決定將就讀國立高雄科技大學企業管理研究所碩士在職專班所學之知識，全數派上用場，於是一本正經回道：「此匕首係先祖於民國37年隨國軍來台，相傳此物乃星宿寒鐵，雖輕

盈剔透，卻堅韌無比，當年經終南山麓遺世名師，採天地之正氣輔以三昧眞火，歷經七七四十九天精鑄而成，爲吾傳家之寶（資產）也！」老大一聽，驚爲天人，急忙出價100萬元，欲買下該匕首。此時，小明搖頭嘆稱：「此乃藝術瑰寶，實非金錢所能衡量！」於是推辭再三，老大咬牙忍痛，將價錢直接提高一倍，大喊一聲：「一口價，就200萬！」大家看了瞠目結舌。小明見狀隨即表示，雖有千般不捨，惟《論語‧顏淵》有云：「君子成人之美，不成人之惡，小人反是。」最後雙方握手成交。

這一個故事講的是價值提升的過程。（如下圖）

價值提升的過程圖　

我經常提醒學生，對於一個管理學院的學生來說，除了「效能」與「效率」之外，最重要的議題就屬「價值」莫屬。我覺得一個領導者最無能爲力時的策略才是降低成本（cost down），而一個積極正向的領導者，則應採取價值提升（up value」策略。因此，探討價值提升的方法，對於實務的管理者來說，是相當重要與實用的議題。

如何將「資料」轉變成「資訊」

此處的「資料」，指的是原始的標的，就如同上述故事中，主角小明在路邊撿起的那一塊「廢鐵」。在旁人的眼中，那只是

【第14堂課】價值的蛻變歷程

一塊外觀鏽蝕斑駁的廢鐵，不起眼也毫無用處，就如同我們隨手丟棄的信用卡刷卡簽單收據一樣，對於一般人來說，稀鬆平常的資料往往不受到重視。

而此處指的「資訊」，指的是經過加工後的標的，就如同上述故事中，主角小明將廢鐵加工成一柄「匕首」。再以信用卡簽帳單收據為例，收據上具有消費時間、消費地點、消費金額等等基本資料，以單筆資料來看，或許毫不起眼，但是若將光顧該商店之消費者，一整個月或一整年的消費資料累積之後，即可歸納出該商店的主力客群、主力商品、營業時間之高峰期與離峰期，以及最高、最低、平均消費金額等等營業訊息，這些原本看似無用的「資料」，經過加工整理後，就會轉變成有用的「資訊」，商店就可以藉由這些數據來進行顧客行為分析，藉以擬定或修正經營策略。

如何將「資料」轉變成「資訊」？這就必須具備基礎知識，一般來說大學課程中的「統計學」、「數量方法」及「資訊管理」等等課程，就是培養學生具備將資料處理成為資訊的基礎能力。就如同故事主角小明，具備金屬加工的基本概念，加上創意發想，將「鐵片」加工成一柄「匕首」，於是原本一無用處的廢物，華麗轉身為有用之物。

如何將「資訊」轉變成「資源」

此處的「資訊」，指的是將原始標的，經過處理與加工，成

為有系統化的資料。就如同主角小明將廢鐵加工成匕首乙節，廢鐵是資料，而匕首則為資訊，未經小明的構想與加工，廢鐵永遠就只是一塊廢鐵。再以信用卡簽帳資料為例，經過彙整與歸納的資料成為資訊，這些資訊具有一定之完整性與系統性，如同鳥瞰圖般，讓我們可以一窺全貌。

此處的「資源」，指的是運用資訊來補足自身的不足或提升優勢之事物，就如同主角小明與多名小混混鬥毆時，以匕首防身，一來弭補人數趨於下風之劣勢，二來資源的多寡與品質，亦攸關成敗，尤其是當「我有你沒有」之時，此時資源往往就扮演著成與敗的關鍵角色。又如同業者透過客群分析結果，即刻藉由提升主力客群的黏著度，提出相關促銷活動，亦可鎖定非主力客群，擬定提高忠誠度之促銷活動，將有限的資源用對地方，以發揮最大的效用。

然而，誰使用？如何使用？用在何處？資源所揮之成效將截然不同。試想該匕首若是家庭主婦，用在廚房殺雞宰鵝與斬瓜切菜，那麼終究是庖丁之物。但是反觀，該匕首若配於大將軍腰間，隨之征戰沙場而殺敵無數，那麼不就成為鎮國神器。

如何將「資訊」轉變成「資源」？這就必須具備大學課程中的「行銷學」、「財務管理」、「資訊管理」及「人力資源管理」等等課程，就是培養學生具備專業管理的能力。就如同故事主角小明，將匕首用於防身之用，彌補其與人鬥毆時，寡不敵眾之劣勢，同時透過資源之妥善運用，反敗為勝。

如何將「資源」轉變成「資產」

「資料」、「資訊」、「資源」就不再贅述。

此處指的「資產」，指的是創造出具備獨立價值及效益之經濟資源，就如同主角小明透過匕首功能的展示與形象塑造，創造出獨特之經濟價值（指能以貨幣衡量者）。小明巧妙地結合將錯就錯的情境，掌握消費者的心理與需求，透過故事情節的包裝，成功地將手中的資源提升成為資產，將原本只是「防身之物」，提升成為「藝術瑰寶」，身價自然倍增。資源與資產不同之處在於，資源雖可用於彌補自身之不足，或藉以提升自身之優勢，然而，資源之運用，取決於運用者之能力，如上述家庭主婦與大將軍之例。

如何將「資源」轉變成「資產」？這就必須具備整合的能力，一般來說大學課程中的「策略管理」、「總體經濟學」及「消費者行為」等等課程，就是培養學生具備經營管理的進階能力。就如同故事主角小明，能夠精準掌握市場與消費者之需求，透過產品包裝及故事行銷，同時搭配談判技巧等等策略，成功創造出意想不到的經濟效益。

【敬告讀者：此一案例為虛擬故事，並非鼓勵隨身攜帶刀械，請讀者明鑑。】

在職進修，讓智慧產生蛻變

「資料」可以賣，但如同廢鐵一公斤2元，只能秤斤論兩賣。「資產」則不同，如上例小明將匕首以200萬的高價賣出，兩者之落差有如天差地別。如何將毫不起眼的「資料」轉變成無價之寶的「資產」，考驗著我們的智慧。

在職進修的好處，就是提供我們學習各種提升智慧的學科，讓我們不斷地促進思考，從中找出更好的構想與亮點，將「資料」轉變成「資訊」、「資源」，最後轉變成「資產」。我發現在不斷學習的過程中，我們的知識會持續地累積，然後產生質變成為智慧，思維就會越來越縝密與清晰，對於外界事物的見解也會越來越獨到，也就是會有自己的看法而非人云亦云，此時應注意學習客觀地看待事物，否則很容易變成剛愎自用，最後落入自以為是的窘境。

我的博士研究領域是「價值共創理論」，我學習的研究方法是「質化研究」，我覺得選擇「質化研究」的學生，多半具有愛提問、愛思考及愛寫作的特點。因此，對於選擇學習質化的研究生，我會推薦兩本必讀的好書，一本是我的老師李慶芳教授所寫的「質化研究之經驗敘說」，另一本則是國立政治大學蕭瑞麟教授所撰之「思考的脈絡」。在博士班七年半的學習過程中，我體悟到思考的重要性，也深深感到學無止盡。

回憶起過去在職進修逾15年之歷程，工作之餘就是「讀書」、「教書」及「寫書」，深深體會到生活與生命的豐富與喜

悅，因此，分享給讀者這條充滿覺悟的生命之路。

　　我的體驗是：「智慧雖未必是與生俱來，但肯定是今世努力所得。」

確定大於不確定稱「投資」，

不確定大於確定叫「投機」

【第14堂課】價值的蛻變歷程

【第15堂课】
投資自己，投資人生

　　依據《維基百科》的定義：「投資係指透過完善的分析，對於本金、收益可達一定程度的預估，將資金投入那些預期有所增長的標的上。」於是我心中的產生的疑問是：「什麼人會想要投資？投資什麼？怎麼投資？」心中會有這些疑問的產生，源自於我就讀博士班時，所接受的教育過程。

　　「好奇心是研究動機的起點」。這是我總結就讀研究所前後近10年（碩士班2年＋博士班7年半）的學習心得。看到某一個現象，覺得很有趣，於是找到一個案例來研究這個現象，然後從這個案例中，抽絲剝繭找出其背後所隱含的意義，最後提出自己的反思。這是我的博士指導教授李慶芳主任，教我質性研究的歷程：「現象＞故事＞意義＞反思」。雖然當初是用在論文的撰寫，但是我發現用在現實生活當中，竟然完全吻合，讓我終身受用。舉例如下：

【含羞草現象（效應）】

　　由於小時候成長於高雄縣燕巢鄉的鄉下，因此，幼時大部分的玩樂都在鄉間，其中「撥含羞草」更是百玩不膩的消遣。

根據維基百科網站（https://zh.wikipedia.org/）記載，含羞草觸發運動，此運動原理是因含羞草葉柄和小葉柄基部都有一略膨大的囊狀構造，稱爲葉枕（pulvinus）；平常葉枕內的水分支撐著葉片，但是當受到外力刺激時，葉枕內的水分會立即流向別處，使含羞草的小葉閉合。

投入職場後，我發現當一個組織發生與領導者有關的負面事件時，許多領導者會以基於組織和諧或鞏固領導中心，或穩定軍心士氣爲理由或名義，選擇隱密該負面訊息，此舉就如同是含羞草遭到外力干擾時，葉片瞬間閉合般，於是我就把這一種現象稱之爲「含羞草現象」。所以，當一個領導者遭遇到負面訊息時，以凝聚組織向心力爲藉口，而隱密該負面訊息者，即可稱之爲「含羞草效應」。

例如，當領導者確診新冠肺炎時，爲避免員工恐慌或議論紛紛，選擇隱瞞病情，其優點或許如當事人所設想，以凝聚組織之向心爲理由或藉口。然而，缺點則是若因隱瞞而造成防疫破口，屆時全體公司員工在不知情的情況下，遭受到傳染，屆時豈不全盤皆墨。

《戰國策・趙策一》有云：「臣觀成事，聞往古，天下之美同，臣主之權均之能美，未之有也。前事之不忘，後事之師。」

以上是我的讀書與學習心得，這也是對於人生的一種投資，一種在知識與智能上的投資。

我在高雄科技大學進修學院開設「投資學」多年，將我在銀行業30多年來在實務上的所見所聞，結合課本中的原理原則，分

享給選這門課的學生。我第一堂課的口頭禪：「我的這門課雖然不能保證讓各位同學都能賺大錢，但我有信心會讓修過這門課的同學們少賠錢」。每當我講完這句話，同學們都會報已會心一笑（自從大家都戴口罩後，就看不見了）。

於是乎，在我的好奇心驅使下，又產生了一個新的想法，既然在經濟資產上有投資行為的產生，那麼對於「人生」是否也有「投資」與「投機」？

投資的動機

我認為投資的動機源自於一個人對於未來的期望。試想如果一個人是爛命一條，朝不保夕，三餐都沒了著落，哪裡還會想到投資二字。就像我時常與學生分享的一段話：「我不確定人生到底有沒有前世、今生與來世，但是我很確定有昨天、今天與明天。」所以佛經《三世因果經》云：「欲知前世因，今生受者是；欲知來世果，今生作者是。」試想明天期末考，今天還在打電玩，下場可想而知，也就是自作自受。（天資聰穎的學生不算）

如果說投資商品的動機是「獲利」，那麼投資自己就是「獲益」。這個「益」指的是「好處」，一種無法用金錢衡量的好處，透過在職進修所獲得的好處，往往是金錢所無法量的。例如我所舉的案例：【含羞草現象（效應）】，透過在職進修的過程，你將會學習到獨立思考的方法，同時提升批判的能力（實務

上與學術上）。

　　因此，我覺得投資的動機，多半是「爲將來做準備」。財務上是，人生也是，所以投資看的是未來而不是眼前。

投資什麼

　　只要手邊有點閒錢的人，都會遇見相同的困擾，那就是：「有什麼好標的可投資？」白話一點說就是：「鐘老師，您覺得哪一支股票可以買？」這是學生在課堂上最常提問的一句話，也是我完全回答不出來的一句話。

　　舉凡想要投資之人，十之八九皆存有十拿九穩的期待，無奈投資標的（商品）雖有千百種之多，符合上述期待者卻屈指可數。長年在職進修之後，我發現投資自己最划算，而且是一項穩賺不賠，可以說是一本萬利的投資。

2021/04/08【經濟日報 /
神巴菲特建議年輕人：兩樣東西最值得投資】

　　巴菲特建議年輕人有兩樣東西最值得投資，掌握至關重要的2關鍵、改變既有的習慣或是心態，其實成為有錢人並不難！

　　關鍵1、選擇競爭力突出的優質公司深耕，……巴菲特鼓勵年輕人，永遠都不要放棄自己喜歡的工作，因為只有真正喜歡的工作，才能做得長久。

　　關鍵2、投資自己的腦袋＝最划算的投資。相較於第1個關鍵

要會找對公司，第2個關鍵要有看重自己的眼光，也就是要懂得投資自己，「人生中沒有任何一項投資會比『投資自己』更划算！」巴菲特認為，在所有的投資項目中，最值得投資的就是自己的腦袋，「智慧是唯一他人無法搶走的財富，不會被偷走也不會被課稅，完完全全屬於自己！」

由於我任職得銀行專業是土地開發商的授信業務，與一般的銀行業務較為不同，也因此，我們所面對的客戶群也比較不一樣。這些選擇土地為投資標的之人，投資的眼光多半異於常人，且財力雄厚，因此，投資的獲利率多半以「倍」計算，反觀我們銀行的貸款利率，則是以「%」計算。所以每當有客戶跟我抱怨放款利率太高時，我就會回話說：「你開發商賺整畚箕，我銀行賺無一湯匙。（台語）」這是一位高齡80歲的代書教我說的。

如何投資

有一段投資基金的警語是這麼說的：「投資一定有風險，基金投資有賺有賠，申購前應詳閱公開說明書」。想要投資，投資的標的與策略同等重要，如果只想指望別人，那麼下場便是這句順口溜：「好的老師帶你上天堂，爛的老師害你住套房（指股票被套牢）」。

投資講究策略，就如同軍隊作戰一樣，好的策略以寡擊眾，爛的策略全軍覆沒，從古至今案例多如牛毛。所以如果只是想

「聽老師說」買哪一檔股票會致富，或是指望「內線消息」來先插旗，依我的經驗來看，這一類的投資方式，多半慘賠收場，失敗案例也是不勝枚舉。

好的策略必須是「按部就班」，代表扎實，代表一步一腳印，甚少有人才剛會爬，就直接學跑步。經常在媒體上，看見某某人在社會上具備高知名度，或事業有成，以高中畢業之學歷直攻研究所。撇開資優生不說，其實沒有受過基本訓練的養成，直接就讀研究所，對於當事人與指導教授來說，都是一項艱辛挑戰，這是我的實際教學經驗。投資也是一樣，「量力而為與克服貪婪」則是我經常提醒自己與學生的兩句話。

完全操之在我的投資策略

投資自己最簡單也方便的管道就是「在職進修」。這項投資完全操之在己，完全不須依賴外界的奧援，也不受景氣高低起伏的影響。而且在職進修的好處能夠讓你養成「持續學習」的習慣，最後真正落實「終身學習」。

在職進修的過程中，我發現一個很有趣的現象，那就是在組織當中，總會存在許多奇人異士，有道是：「高手散落在民間！」俗話也說：「山外青山樓外樓，能人背後有能人」，這些人平日看起來像是「陽字號」，有一天，帆布一掀開，大家才發現原來是「神盾艦」。（後來才發現，這個冷笑話，當過海軍才聽得懂。）

我很喜歡跟學生分享人生的經歷，尤其是年輕的學生。我的用意並非想要突顯自己有多麼的成功或是了不起，而是希望能夠縮短他們的「人生學習曲線」，然後把這些節省下來的多餘時間，用來助人，動機就是這麼簡單。有學生曾經問過我為什麼要這麼做，我回答他，因為在我生命的歷程中，受過太多人的照顧與幫助，甚至有些人我都不認識，我也不知道要怎麼報答這些人，所以只好把這一份放在心中的感激，繼續傳承下去。因為「在職進修」讓我的人生得以翻轉，所以我就一直宣揚「在職進修」的好處，如此而已。

【我的私房理財四寶】

最後我想分享個人在銀行工作逾30年的投資理財經驗，供讀者們參考。由於我只是一個平凡的上班族，每月領取固定的薪資，又礙於生性保守（怕死），親眼見過許多銀行客戶的大起大落，甚至有負債累累而遭到地下錢莊追債等案例。因此，深深影響到我的投資觀。

我在擔任華泰銀行台中分行經理時，曾經服務過這麼一位客戶「中華民國儲蓄互助會」，他們家大門口上的紅色春聯是這麼寫的：「積沙成塔儲為本，化零為整蓄當先。」這幅對聯一語道盡我的投資觀。所以我在講授投資學的時候，經常跟年輕的學生們分享我的心得與經驗談。

第一寶，勞退帳戶每月自提6%退休金。

2022/04/25【經濟日報 / 自提勞退金 好處多多】

新制勞退係指雇主每月提繳勞工工資6%，存在於勞工專戶中，勞工亦可在1%至6%範圍內自提；勞工年滿60歲才可請領，未滿60歲喪失工作能力符合提前請領資格者，得提早請領退休金。提繳年資未滿15年，請一次退休金，年資超過15年，可選擇請領月退金或一次退休金。

勞工自提退休金之四大好處	
分紅多	勞退新制收益每年3月分紅，自提可快速累積個人專戶金額，可多分紅
節稅	自提可從當年度個人綜合所得稅額中全數扣除
保證收益	勞退金有二年定期存款利率保證收益，穩賺不賠
老年經濟	若有自提，退休後領到的勞工退休金可以更豐厚；再加勞保老年年金，老年生活更有保障
資料來源：勞保局、經濟日報	

新制勞退基金去（2021）年大賺2,836.8億元，收益率9.66%，勞保局已完成收益分配入帳，並且開放勞工查詢。其中149萬名、約12.2%勞工，獲分紅超過5萬元，令人稱羨。勞保局官員指出，這族群之所以能分紅多，主因就是自提多，而且，勞工自提愈多，享有節稅效果更大。（記者 江睿智）

【第15堂課】投資自己，投資人生

第二寶，購買6年期儲蓄險（強迫儲蓄）。我有3個小孩，我每個月各自在他們的帳戶中存入14,000元，累積到年底扣繳每人167,000元左右的保險費，不知不覺經過6年後，第7年就有300萬進帳。

第三寶，共同基金定期定額投資（月配息）。每個月6、16、26日各扣款5,000元，而且選擇「月配息」的投資方式，我目前累積的總投資金額約新台幣280萬，每個月的配息約新台幣18,000左右元，而且還在持續增加當中。當然投資標的的選擇很重要，讀者可上網Google關鍵字「台灣人最愛的定期定額基金」，就會出現許多的選擇與詳盡介紹。

第四寶，將定期定額的配息拿來繳納房屋貸款（本息平均分攤），然後再將房屋出租的租金收入，拿來滾入定期定額的本金。好處是透過繳房屋貸款來達到強迫「存房」的目標，否則錢很容易就在不知不覺之中花掉。另外，將房屋出租的租金收入拿來滾入基金扣款，再產出每月配息，可以達到複利增值的效果。20年之後，除了擁有一棟沒有貸款的不動產，還有一筆新台幣400至500萬左右部位的基金，每個月還有房租收入及基金配息約新台幣5萬元，重點是不動產還能增值（地點很重要）。上述的月收入還不包含勞保老年給付與勞退新制給付，而且其他的投資諸如保險、定期存款、債券等等也都尚未計入。因此，及早做好個人的財務規劃，退休之後的金流就不成問題了。

我的體驗是：「千算萬算，算不盡；左想右想，想不通。」

讀書求知識，生意求錢財。

【第16堂課】
讀書人與生意人的異與同

選擇在職進修後，我一直思考一個問題，那就是「讀書人」與「生意人」有什麼不一樣？會有這個疑問，是我在工作之中，經常遇到「良知」與「獲利」的兩難，究竟是公司的獲利重要，還是不讓客戶吃虧重要？能不能在不讓客戶吃虧的情況下，也能兼顧公司的獲利？此一構想雖好，執行上卻是難上加難。

在職進修年多後，我終於想通其中的道理，原來工作與讀書看似不相關的兩件事，存在著「異」與「同」。異的是，「生意人」將本求利，不作賠錢的生意，而「讀書人」為求取學問，卻是經常不計代價。同的是，「樂在讀書」與「樂在工作」，在本質上其實很相近，也就是「做學問」與「作生意」有異曲同工之妙，甚至相輔相成。因此，偷雞摸狗的工作態度，在職場上肯定無所作為，心不甘情不願的讀書態度，在課業成績上亦必然七零八落。

在職進修的好處，在於培養自己看待事物或面對問題時，能夠深入探究其本質，透過「異」與「同」的分析，並從中找出解答。就如同我的指導教授李慶芳博士所說：「從差異中找意義」，往往就能夠從中找出「深體會」與「新觀點」。

讀書人醉心於「學問」

　　學者專家（俗稱讀書人）通常以求取學問為要務，因此，對於研究成果是否能夠產生獲利，其實並不以為意。這些人要的是「成就感」，那種滿足對於知識求取的渴望。

　　做學問（研究）的過程，必須大膽假設小心求證，然而，並不是每一項研究都能夠有成果，也就是說失敗的風險極高，這些風險則包括時間與資源（含經費）。有人終其一生一事無成抑鬱而終，有人卻能大放異彩一舉成名而名利雙收。

2021/09/14【康健雜誌／從乏人問津一躍成神藥！
mRNA疫苗創始人堅持30年，始終相信基因藥物的潛力】

　　一位沒沒無聞科學家，竟因新冠病毒一夕成名，被看好奪下諾貝爾醫學獎。她是mRNA技術創始人匈牙利籍科學家卡瑞柯（Katalin Kariko），為了向世界證明基因藥物的潛力，她忍受30年訕笑與輕視，淬鍊出如今炙手可熱的疫苗……。為了研究mRNA，她廢寢忘食、被學校降級，淪為學術圈邊緣人，但這一切都沒澆熄她的熱情。幸虧卡瑞柯對mRNA不離不棄，我們現在才能享受到它的效益……。

　　諾貝爾醫學獎開獎在即，卡瑞柯呼聲極高，幾乎所有人都認可了她的努力。但對她而言，獎項的肯定只是附加價值，頭銜、待遇、財富……在她眼中都微不足道，「我總是想：誰在乎呢？100年後，沒人會記得我的名字。」9月，紐約一家長照機構接種

了BNT疫苗，1週後院內爆發群聚，所幸70多例確診裡，沒有任何人過世。「他們很高興，因為有疫苗，他們活了下來。」卡瑞柯說：「對我來講，這個時刻絕無僅有，給我多少獎項、酬勞，都沒有辦法取代。」

30多年苦行般的學術生涯，她甘之如飴，真正做到「放下自我」的境界。別人的評價和眼光，都比不上理想實踐的剎那。而她犧牲健康與生活，也不過是為了那樣的感動瞬間。

雖說讀書人醉心於「求知」，但也有一些讀書人汲汲於「求官」，喪失讀書人原有的風骨與初衷，難免令人扼腕。《論語·子張》：「子夏曰：『仕而優則學，學而優則仕。』」又，宋·邢昺·疏：「正義曰：『此章勸學也。言人之仕官行己職而優閒有餘力，則以學先王之遺文也。若學而德業優長者，則當仕進以行君臣之義也。』」則道盡中國傳統科舉觀念的核心價值觀。

當求官的學者越來越多，甚至成為一股主流風氣時，在利之所趨的大環境中，求知的學者必然越來越少。有趣的是，我發現媒體上討論讀書人風骨的評論與文章，也越來越多。

生意人關心在「賺錢」

生意人精於成本計算與獲利考量，因此，對於無法產生獲利的事物，多半不感興趣。這些人考量的是成本效益，以及如何創造股東的最大利益，未必能胸懷天下蒼生。

「作生意」則必須將本求利錙銖必較，然而並非每一種生意都能一本萬利，市場千變萬化，科技世新月異，今日消費者眼中的寵兒，可能明年就成了棄若敝屣。於是短視的生意人，開始想法子如何才能確保穩賺不賠。

2016/03/01【天下雜誌592期 / 南方朔：黑心商人為何愈來愈多？】

油桶屋、過期食品、含鉛化妝品……，政府若再不加強監督管理，縱容法律遇錢就轉彎，只會讓有良商人絕種，黑心商人像蟑螂愈來愈多。

近年來，台灣食安風暴不斷，「黑心商人」突然成了非常例行化的現象，他們不再是少數特定的邪惡壞人，而是廣泛存在的普遍商業行為。

今年春節前，台南大地震引爆了「黑心建商」的問題；過年後又傳出大型冷凍食品公司將過期冷凍雞鴨改標籤販賣的醜聞。於是就讓人有了「黑心商人」何其多的感觸。

世上每個社會都有教人為善的宗教。西方從中古時期就訂定了七宗罪的禁忌，將懶惰、忿怒、好欲、饕餮、驕傲、貪婪、妒忌訂為嚴重的人格之罪；而東方宗教，如佛、道教，也訂了許多人格禁忌，所以人們也深信「人在做，天在看」、「舉頭三尺有神明」。生意人因而形成了「貨真價實」、「童叟無欺」的商業紀律。

所以近代學者都承認，宗教感的昇華乃是商業紀律的起源，

也是人們「羞恥感」的源頭。它使得人們不敢做「邪惡」的事。

　　但這種道德的禁忌，到了近代日益瓦解。在一九九〇年代，西方商業界紀律蕩然。有錢有辦法的中大型商人，胡亂排放有毒廢棄物，以不合道德的方法操弄商品價格，甚至官商勾結圖取非法之利，這種事情不斷發生。因此一九九一年六月號的《時代》雜誌遂以記者摩洛（Lance Morrow）所寫的〈為何邪惡發生？〉作為封面專題……。

　　市場總是不缺為富不仁的生意人，為了謀取私人利益而罔顧人命。更甚者遂行官商勾結，坑殺百姓。

　　當喪德的生意人越來越多，甚至成為普遍的現象時，當犯罪所付出的代價與不當獲利不成比例的情況下，童叟無欺的正派生意人必然越來越少，就如同我的學生教我的一句話：「正派經營（台語，真歹經營）」。

如何擷取兩者之優點：成為一個有風骨的商人

　　我覺得不論做生意或做學問，兩者的「共通點」都有一個「核心思想」，而這個核心思想往往會決定後來行為的發展。換句話說，可以「利之所趨」，當然也可「義之所趨」，而這個轉折點取決於，是否具有「正向」觀念來導引致良善的「一念之間」，我覺得這種正向觀念的建立，其實是可以透過「學習」來奠定。也就是說以讀書人的「良知」為體，以生意人的「現實」

為用，先將生意做「對」再求做「好」，觀念與方向對了，事業自然能夠天長地久。

我的經驗是透過在職進修的過程，可以讓我們靜下心來思考一些事情，特別是在養成閱讀習慣之後，通常就能夠開始吸收與消化書本中的知識，最後產出自己的心得。尤其是透過成功或失敗案例的研討（case study），通常能夠讓我們獲得某一方面的「啟發」。舉例來說，在我國大學教育中，同學分組上台報告，為課程進行方式之一，透過班上的分組報告，仔細聽一聽各行各業的同學們所做的報告，那種沒有商場利害關係的簡報，絕對會讓你大開眼界，以及有如獲至寶的感覺。然後將這些「啟發」運用在現實的「生意」當中，自然就可以截取兩者之長處，成為一個「學者型的商人」。

最後我想推薦一部韓國連續劇，該劇內容係描述19世紀，朝鮮半島紅頂商人林尚沃的發跡過程與傳奇。據說他那令人嘖嘖稱奇的事蹟，留傳至今，仍然被韓國人民所津津樂道，原因並不是他獲得了巨大的財富與成就無比的社會地位，而是他懂得並且真心地去實踐，做為一個生意人所必須遵守的道理：《商道》。

我的體驗是：「既務斯業，必力求精進，但凡做人，圖無愧於心。」

「知識」讓生活更添樂趣，讓生命更加精彩。

【第17堂课】
享受求知的樂趣

　　經歷了多年的在職進修，讓我學習到許多求取知識的方法，我把它稱爲「做學問」的方法，而研究生（碩、博士）撰寫學位與學術論文就是其中一種。如果您現在正在職攻讀研究所（碩、博士），那麼這篇文章應該可以給您一些小小的建議。

　　時下關於學位論文抄襲的新聞，我想社會大眾似乎已經見怪不怪了。依我在職進修同時撰寫學術或是學位論文的經驗來說，「寫論文」其實一點都不難，相較於一般生來說，在職生反而是「加分」，亦或許也可以說是「強項」。以社會科學來說，對於社會現象的觀察與體會，在職生肯定比一般生來的廣且深，這一點對於撰寫論文的人來說，是相當重要的敏銳度。

　　我經常跟研究生分享，學術研究的過程就像是一場「未知的冒險旅程」，只有我們親身經歷其中，才能眞正感受到尋獲寶藏時的樂趣與成就感。如果讀者是一個研究所的新鮮人，那麼恭喜您正準備踏入一座寶山，準備開啟一場能夠豐富生命價值的冒險旅程，至於你能找到銀子、金子或鑽石，那就要看你用功與努力的程度了，當然其中也需要一些運氣。

學習做學問的「態度」：「享受」而非「忍受」

　　對於在職進修的碩士生，是否要撰寫「學位論文」的爭議？各有所表，我個人是站在贊成的一邊，以過來人的經驗，撰寫論文的過程，讓我學習到如何「做學問（研究）」這項技能，試問「研究所」不就是「做研究的地方」嗎？既然選擇攻讀研究所，為何就不願意做研究，而是要以其他形式（例如專利、國際競賽成績等等）來取代論文，既然已經取得專利或是國際成就，那麼我想應該就不需要再來攻讀研究所了，不是嗎？

　　話說既然立定志向攻讀研究所，首先必須要有正確的認知與心理準備，再來就是要建立積極與健康的態度。我遇見過很多沒有完成學業的研究生，有一大部分都在批評指導教授，把無法完成學業的原因，全都歸咎給老師（指導教授）。平心而論，老師也是人，人有好人與壞人，我不敢否認有指導教授把研究生，當成廉價勞工的傳聞與媒體報導，但那些畢竟都是極少數，至少在我周遭與共事過的老師中，未曾見過。

　　甚至還有一些人，為了各式各樣的原因或藉口，不擇手段地造假研究成果，其實到頭來，終究都會是一場空。《初刻拍案驚奇》卷一三有云：「誰知家私付之烏有，並自己也無葬身之所。要見天理昭彰，報應不爽。」到頭來不就是自欺欺人，古今中外的案例也是不勝枚舉。

2016/11【維基百科／台大醫學論文造假案】

發生於2016年11月，國外網站「學界同行審論平臺」（PubPeer）揭露台灣大學郭明良教授研究團隊涉及多篇論文涉及造假，其中校長楊泮池擔任數篇論文共同作者，使本次事件備受矚目，亦於國際上引起討論。教育部、科技部及台大特別調查委員會就本案經數月的獨立調查後，於各涉案人員依情節不同各有相應行政處分；教育部因此事件扣減台大106年度獎助經費5,400萬元。

【國立臺灣大學委任特別委員會】：認定郭明良、張正琪、查詩婷、林明燦、譚慶鼎、郭亦炘、蘇振良、陳百昇等人違反學術倫理，分別就情節輕重予以處分；而楊泮池於接受調查之論文中擔任共同作者是合宜的，不須為論文中郭明良實驗室產出的錯誤數據負責。

既然要攻讀研究所（碩士班），那麼就要有撰寫一篇學位論文的心理準備。其實一個人年紀大、學歷好、社會地位崇高，並不代表就一定「懂事」（為人處世的道理）。不禁令人想起，明代詩人曹學佺的著名對聯：「仗義每多屠狗輩，負心多是讀書人。」

7年前，上面這個案例發生的時候，我還在就讀博士班，因此印象特別深刻，當時震撼全台學術界。7年後憾事一樣重演，一個個候選人被撤銷碩、博士學位。其實撰寫學位論文真的沒有哪麼難，以質化研究取向為例，只要在工作上花點時間觀察周遭

的「現象」，找幾個比較有代表性的「故事」，進一步深入探究其中的問題，找出這些問題背後所代表的「意義」，最後提出自己的「反思」，這是我的指導教授李慶芳博士教我的步驟，淺顯易懂，只要願意花時間、懂思考（歸納與演繹），通常1年以內完成碩士學位論文都不成問題。

雖然一份好的學歷，無法保證我們能夠找到一份好工作，但是沒有一份好的學歷，想要找到好的工作，可就難上加難。關於學歷在就業上的經驗來說，我發現「延攬」與「應徵」的不同之處在於，所謂「延攬」是雇主主動找上門，所以勞動條件就必須配合我的意願，但如果是「應徵」，往往是我們主動找上雇主，例如上104人力網站謀職或是寫信毛遂自薦，那麼勞動條件當然就只能配合公司政策，運氣好，公司給牛肉就有牛肉吃，若公司只願意給香蕉，那就只能吃香蕉了。

學習做學問的「方法」

論文的撰寫不外乎兩大類，分別是「量化」與「質化」。量化研究方法，是一種對於事物進行量測及分析，用以檢驗或驗證研究者對於該事物的理論假設。而質化研究方法，主要是採取歸納的方法，重點在於理解特定情境下的事件，而不是對於該事件的類似情況進行推論。以上兩種研究方法，在研究思維與方法上有所不同，所關注的焦點也有所不同，最後是從不同的角度，對於事物的不同面向進行探究。質化與量化各有優缺點，兩者沒有

優劣之別，我個人覺得研究方法與取向，應以個案與題目的「適宜性」爲主要考量。

不論是量化或質化，最終都是以探究知識爲目標，量化以數字爲主，質化則是以文字爲主，於是有人說：「有數字有真象，有文字有力量。」

選擇一個適合自己個性的研究方法眞的很重要，當然主題與個案的屬性也很重要。《論語·魏靈公》子貢問爲仁，子曰：「工欲善其事，必先利其器。居是邦也，事其大夫之賢者，友其士之仁者。」所以說對研究生而言，找對方法與老師很重要。我常形容研究生找指導教授，以及研究生與指導教授的關係，就像電影《星際大戰（STAR WARS）》中的絕地武士與絕地大師一樣，一對一的指導與引導（1個大師1次只可帶1個徒弟）。

前一段提到質性研究的步驟：現象 > 故事 > 意義 > 反思。我想進一步跟讀者們分享一個實際的案例，或許有助於現在正在苦思題目的研究生，或是正準備踏進研究所的新鮮人參考。

【現象】
議題：1.雙薪家庭，2.職業婦女，3.蠟燭兩頭燒，4.兼顧家庭與工作，5.僞單親家庭（指父母親，其中一方在外地生活）。

【故事情境】
當時我因爲晉升爲信用卡部經理的緣故，被派到台北市的總行上班。有一個星期五的晚上，搭乘阿羅哈客運返回高雄，返家

時已經晚上11點。我一打開房間門，看見太太身上還穿著銀行的制服，正坐在書桌前，使用筆記型電腦狂敲著她的碩士論文。只見她，一手敲著鍵盤，一手指著坐在地上玩積木的大兒子吼著：「鐘○豪！還不趕快去寫功課！」，轉頭又指著正在床上跳的二女兒喊著：「鐘○忻，再跳！等一下妳就摔下來！」，隨即伸出左腳推著搖籃，對著小兒子溫柔的說：「阿修修，乖！」同時眼睛的餘光還看著電視，我的印象很深刻，當時電視播放的韓劇是《商道》。

故事的元素：

- ●人：太太，小孩3個。
- ●事：一邊照顧小孩，一邊寫論文，一邊追劇。
- ●時：星期五晚上11點。
- ●地：房間。
- ●物：電視，書桌，筆電，床。

觀察點：

- ●三個小孩的媽媽＞已婚婦女
- ●穿著銀行的制服＞在職中
- ●敲碩士論文＞即將畢業的研究生

> 職業婦女
> 在職進修

【意義】

1.探討職業婦女在職進修的困境

2.探討職業婦女如何兼顧工作、家庭及學業

3.探究職業婦女在職進修壓力與調適方式

4.探究職業婦女家庭價值觀與終身學習態度之關係

5.探討已婚職業婦女的雙重角色：期望、衝突與調適

【反思】加入理論視角

1.女性的主體性與存在主義。

2.女性的多重角色衝突與情緒耗竭

3.性別平等與社會期待

「研究」是一種尋求真相（知識）的過程

我覺得每一篇論文的研究的過程，就如同是一場探險尋寶的歷程，不但是一路充滿荊棘，過程更是高潮迭起。

我要向讀者推薦一部影片，那就是Discovery探索頻道於2005年播出的《忽必烈：蒙古艦隊的覆沒》。

2005/08/22

【Discovery探索頻道／忽必烈：蒙古艦隊的覆沒】

14萬名士兵，4,400艘船艦，有史以來規模最大的入侵行動，一切全消失的無影無蹤。

700年後，有人認為他找到了這支失蹤的艦隊，但這支艦隊為何會消失？是遭遇到蓄意破壞？或是因為輕忽？還是因為可怕

的大自然力量?

此人打撈起古代的線索後,解開了一宗史詩般的悲劇,這場災難使全世界最大的帝國為之沒落。

這部影片透過抽絲剝繭的手法,帶領讀者找出真正的原因,這種方式就是一種典型質化研究的過程。

我的經驗是:「第一眼看見的答案,往往不是真正的答案。」真正的答案(研究發現)必須經過反覆的推敲與驗證,就是找出支撐研究發現的證據,就如同我的指導教授李慶芳博士訓練我的過程,研究者必須經常自問自答:「真的是這樣嗎?有沒有可能是那樣?或許是怎樣也說不一定?有可能本來就不是這樣?還是說其實是那樣?」。在經過反覆的琢磨與辯證後,所得到的答案才是最終的結果,就是研究發現。

如何應用研究的精神在職場上

在享受求知的過程中,同時也能獲得學歷,又可以提升自己職場的競爭力,一魚三吃不是很划算嗎?

我覺得「學歷」有時候也很像是一種「專利」,是必須經過官方「認證」,而不是自己說了算。不要小看專利這件事,大鍐科技是南台灣知名的專業噴砂機器製造商,陳林山總經理曾經跟我分享一則很有趣的小故事,他說以前大鍐都是以國內市場為主。有一回,一個歐洲的廠商主動找上門來洽商新機器,他很好

奇的問對方怎麼找到大鎪？對方回覆說，他們是從申請專利的名稱與項目之中找到的。

大鎪科技陳林山總經理笑著跟我分享說：「國外的客戶來訂購機器，一向都是要求要「功能」；而台灣的客戶來訂購機器，往往都要求要「萬能」。因此，我把它當成是對我們公司的挑戰與期許。」

我的體驗是：「做人的價值取決於利益眾生，求知的樂趣在於沉浸其中。」

堅持「恆心」，有一天就會質變成「毅力」。

在職進修教我的18堂課

一場持之以恆的試煉

　　少林寺俗家弟子學習武藝，最後必須通過「十八銅人陣」的考驗，才能算是學成下山，這是我小時候收看電視連續劇，印象最深的一段。在職進修就讀研究所（碩士班或博士班），其實也是類似的經歷，只是場景不太一樣，十八銅人變爲學位考試的口試委員。

　　古人說：「天下無難事，只怕有心人。」道理雖然看似簡單，只有10個字，做起來卻是「知易行難」。以就讀碩士班撰寫學位論文爲例，研究生如果沒有花時間來進行文獻的閱讀與整理，更不用說提出自己的見解，甚至提出批判的觀點。因此，論文中第二章「文獻探討」壓根寫不出來，最後只能東抄一點、西抄一些。而胡亂拼湊的下場，就是被指導教授斥責一頓，然後被狠狠的打了回票，這種情節幾乎每個學期都在重複上演。

　　「想要言之有本，就必須引經據典，想要言之有物，就必須旁徵博引。」這是我經常跟研究生提醒的兩句話，這兩件事，都必須透過自己下苦功去閱讀與整理前人的研究，指導教授是幫不上忙的。文獻的閱讀也不是一時半刻，而是需要時間與篇幅的累積，閱讀越多才會越寬（視角）與夠深（體會）。就有研究生開玩笑的說：「文獻閱讀越來越多，近視越來越深，身體越來

越差。」其實，文獻閱讀是有方法的，我跟大家介紹一本書彭明輝教授所撰寫的著作《研究生完全求生手冊：方法、祕訣、潛規則》，絕對可以解決研究生對於文獻探討的所有疑難雜症。

學習不分時間與空間

善用瑣碎的時間，尤其是「等待」的時間。如果讀者們冷靜地回想一下，我們有很多時間都是在等待中流失。也就是說：「不是沒時間，而是很多人不會善加運用時間。」

我的作法是在車上放一本筆記本，有空閒時間就默寫一遍，18世紀英國詩人William Ernest Henley的作品《INVICTUS》這首16行詩，迄今已用掉3本筆記本，共計478次，還在累計當中。還有就是隨時隨地準備一些草稿紙，把腦海中想到的，或是一閃而過的思緒或念頭記錄下來，這些東西通常有我投稿報刊文章的構思、學生的論文修改內容、我的新書架構與細節、還有就是我的學術論文論述。這個方法說起來很簡單，而且很多人用，但是如果你不願去做，坦白說一點用處也沒有。

在職進修給我的啟示，其中很重要的一項，就是讓我學會利用時間，而且養成善用時間的習慣。以前因為必須應付考試，又要上班，所以就必須想辦法「擠出」時間來準備考試，久而久之，就養成了充分運用時間的習慣。

2015/10/13【民視新聞 /

6旬運將英日語流利 外國旅客搶預約】

　　現在都說小黃生意難作，帶您來看到1名特別的運匠，67歲的林石川，中年失業後轉行開計程車，為了搶外國客，苦學外文，每天聽、讀英語雜誌3小時，還去上課學日文，從一竅不通到現在對答流利，現在根本不必再沿街載客，乘客有90%都是預先指定的外國人。

　　計程車駕駛林石川vs.乘客：「（你好，我可以幫你忙嗎？），是的，可以帶我到台北101嗎。」外國乘客一上車，沒聽錯，運將一口流利英文，讓人吃驚。計程車駕駛林石川vs.乘客：「101是世界最高的建築，喔不對現在應該是第2高，最高的在杜拜。」外國乘客：「他英文講得非常好我很敬佩他，因為要自己學外語真的很難，非常驚人他真的很有天份。」

　　讓乘客讚不絕口計程車運匠，林石川，今年67歲，20年前中年失業開起小黃，但生意難做，興起學外語念頭，靠著看雜誌，一字一句，從頭開始學英文，對於當時50多歲的他好吃力，卻堅持每天讀3小時，10年如一日，現在的他除了口說，還能用Line跟乘客聊天。

　　計程車駕駛林石川：「謝謝你的建議，我計畫的旅遊行程應該沒問題。」

　　外國乘客一個拉一個，生意最好時一天能載6位外國人，不過，你以為他只會英文嗎？計程車駕駛林石川：「我假如多學會一種語言的話，對我有好處，好像永遠不會太晚，所有事情都不

【第18堂課】一場持之以恆的試煉

怕太晚，我是覺得任何事情都可以學，就是快慢而已，有恆的話你就會成功。」

57歲學英文，60歲學日文，翻開筆記本密密麻麻，現在的他根本不需要沿街載客，只收預約，學語言不只讓他工時縮短，還增加收入。從林石川身上再次應證了，活到老學到老，肯努力就有收穫！

讀了大半輩子的書之後，才逐漸發現一些「真相」。可惜浪費掉的時間已經一去不復返了，所以我經常提醒自己的三個寶貝與學生們，希望他們能夠及早發現這些真相，不要虛度時光。

將學習內化入生活與工作之中

台中順天建設公司柯興樹董事長是教育家出身，我在擔任華泰銀行台中分行經理時，有幸就教柯董事長。有一回，柯董事長告訴我經營事業時，必須要保守穩健，商場打滾就像拿木棍跟人對打，自己要握緊3成，用其餘的7成來跟人搏鬥，而手中這3成，則有利於我們視狀況能屈能伸。因此，順天建設的財務以穩健為原則，絕不過度融資，這一項特質，也反映在該公司的建案品質上與客戶口碑上，最後當然也成為業界之翹楚。

我習慣將職場上聽到受用的「智慧結晶」抄下來細細品嚐。因為我發現每個人都有自己獨到的見解與對於事物的詮釋，這些都是在學校的理論中所學不到的，而是源自於「社會大學」中，

各行各業寶貴的實務經驗。所以我的體悟是：「時時可學習，人人皆我師。」

在職進修的迷人之處，在於可以隨時穿梭於職場和學校之間。這個好處在於，學校所學的東西可以馬上實用，怎麼說呢？例如學校風險管理課程中，提到風險管理措施中的「預防」，剛好外面下大雨，銀行的營業大廳客戶來來去去，負責清潔的大姊不論怎麼擦，地板始終無法完全乾燥，那麼營業廳經理此時是否應該放置「清潔中」的黃色警示牌，用以提醒客戶注意地板濕滑，這個看似簡單的動作，很多銀行卻都做不到。難到銀行買不起嗎？我買過，一個只要新台幣250元，說穿了，就是願不願意做而已，誰說學校教的沒有用？

活到老、學到老的真實體驗

我覺得活在這個時代的人，不是沒機會學習，而是我們放棄學習的機會。無遠弗界的網路，將全世界的知識串在一起，只要你願意，找一門學問深入研究，就如同佛經曰：「八萬四千總持門，能除惑障銷魔眾。」佛說八萬四千之法門，來消滅眾生的八萬四千煩惱。《華嚴經》曰：「我當以種種法門，隨其所應而度脫之！」豐富生命也造福人群。

所以我覺得傳播「善智慧」與「善知識」，好像也是一種功德。

2021/11/12【自由時報 /
70歲起攻讀20年！勵志阿公89歲圓物理博士夢】

美國羅德島州89歲阿公施泰納（Manfred Steiner）近期通過論文口試，成功取得物理博士學位，熬過20年來的研究和身體健康問題，一圓畢生的物理學家夢想。

據《美聯社》報導，美國羅德島州男士施泰納，近期以89歲的高齡，成功通過常春藤名校之一的布朗大學博士論文口試，取得物理學博士學位，一圓畢生的物理夢。施泰納出生於維也納，青少年時期讀過愛因斯坦、普朗克等物理名家著作後，立志成為一名物理學家。然而，經過第二次世界大戰的摧殘，他的母親和舅舅建議他，亂世必須攻讀醫學，施泰納也聽從建議，1955年在維也納大學取得醫學學位，搬到美國長住，此後專攻血液疾病研究。

施泰納70歲時開始在布朗大學參加物理學士班的課程，原本只是想選幾堂有興趣的課來聽，沒想到在2007年就已經累積足夠的學分，得以報名博士學程。施泰納的論文指導教授馬斯頓（Brad Marston）一開始對他的年紀有點遲疑，馬斯頓曾經教過一些40幾歲的學生，但從沒見過70歲的學生，然而施泰納對物理的堅持和認真，再加上長年的醫學研究所養成的科學思考邏輯，最終令馬斯頓刮目相看。

施泰納在熬過近20年來身體健康衰減的困難後，終於以研究導電金屬中的電子在量子力學中的表現，以及探討費米子（fermions）如何在表現上變作玻色子（bosons）為題，通過博士

論文口試。至於被問到有什麼建議可以分享？施泰納說：「做你所愛，不要在經歷人生之後才後悔沒有做什麼，要追尋你的夢想。」

據悉，金氏世界紀錄中，世界上最高齡的博士畢業生，是2008年德國97歲老翁，但也有更多新聞報導指出有更年長的人士正在攻讀博士當中。施泰納說：「做你所愛，不要在經歷人生之後才後悔沒有做什麼，要追尋你的夢想。」

讀者們能否反問自己一下，一個70歲的老人可以做得到，那我們又有何不可？我相信以上這種案例，將來一定會越來越多。

對於自己生命意義的積累

人生在世究竟求的是什麼？有人追逐金錢，有人追逐權勢，反觀也有人利益眾生，以濟世為懷。佛教慈濟功德會的證嚴法師，天主教仁愛傳教會的德雷莎修女，屏東市場菜販陳樹菊女士，她們對於人類的無私奉獻，無關乎金錢的大小，而是那顆悲天憫人的善心，永遠受到人們的景仰。還有我的啟蒙恩師，國立高雄科技大學企業管理系教授楊敏里博士，她認真教學，對學生無私的付出，一輩子的青春都奉獻給了這所學校，許多學生在畢業後，都還會主動回到學校來探望她。我覺得這一切都只是一念之間的選擇，富人有富人的煩惱，窮人也有窮人的樂趣。

而這個「念頭」，或許有人是基於宗教的理由，有人是基於許願的原因，而有人則是基於人性的自發心。不論如何，我覺

得她們共同的特徵，是一種基於慈愛的誓願。或許讀者心中想問我：「扯那麼遠，這跟讀書有什麼關係！」這句提問是出自我的學生，在課堂上對我的提問。我當時的回答是：「我覺得讀書讓我增長智慧，成為一個願意幫助別人的人，但是你不需要認同我的說法。」

讀者們可以想一想，讀書與學習的終極目的是什麼？拿博士？賺大錢？當大官？然後呢？然後就是隨著歲月逝去，在年老體衰後死去，說穿了，最後大家不都一樣。其實不然，我的體會是，把書讀通，我們的生命會在助人的過程中，找到最大的價值。

我的體驗是：「老不是累贅，而是智慧的累積。」

結語

　　有讀者問過我：「你幸福嗎？」我回答：「衣食無虞，還有餘力可以幫助別人，我覺得心滿意足了！」

　　我覺得透過「在職進修」，可以讓我們更進一步了解與體會「終身學習」的意義。但是不代表學習就一定要在校園之中，而是透過在職進修的過程，可以讓我們的學習過程比較有明確的階段性與目標性。我發現每一個階段，都是在為下一個階段打底與做準備。就像沒讀大學就直接上研究所，除非是資優生，否則人世間哪有還沒有學會爬，就會跑的道理。

　　「一步一腳印」，是我多年在職進修的經驗與心得。我跟社會上多數人一樣，只是一個平凡人，沒有過人的天賦，也沒有雄厚的人脈與背景。能做的就只是努力、再努力、更努力，唯一的夢想，就只不過是追求三餐溫飽與平凡且充實的人生，如此而已。

　　最後想跟大家分享下面這一則報導。

　　The Washington Post poll 2017 World 10 Luxury.（2017年《華盛頓郵報》評選出來的「十大奢侈品」）：

　　1.The awakening and enlightenment of life.（生命的覺悟與開悟）

　　2.A heart free joy of love.（一顆自由喜悅與充滿愛的心）

3.Gone through the spirit.（走遍天下的氣魄）

4.Return to nature.（回歸自然）

5.Safe and peaceful sleep.（安穩而平和的睡眠）

6.Enjoy their own space and time.（享受真正屬於自己的空間與時間）

7.Love soul mate with each other.（彼此深愛的靈魂伴侶）

8.Ever truly understand you.（任何時候都有真正懂你的人）

9.Healthy body and inner rich.（身體健康，內心富有）

10.Infected and ethos of the others.（能感染並點燃他人的希望）

以上沒有一樣是物質與金錢可以換來的，與大家共勉之。

【附錄】管理探微

換個角度來看管理，從小地方看大道理

經濟日報《經營管理版》專欄文章彙集

1. 遊戲化的管理思維

◎鐘志明（銀行經理、大學兼任助理教授）

隨著時代的快速變遷，組織面臨的挑戰日益多元。對於管理者來說，如何透過管理智能（Management Intelligence）的強化，提升組織的效能與效率，向來是一個相當熱門的議題。然而，傳統的管理實務，不外乎透過管理理論的運用，往往讓人有一種嚴肅或高不可攀的刻板印象。

俗話說：「人生如戲，戲如人生。」這個「戲」字，一般來說，通常指的是戲劇（Drama），意指人生就如同是一齣戲劇，喜怒哀樂、有起有落、有開幕有謝幕。但若能跳脫傳統的觀點來看，其實亦可將其視為一場遊戲（Game），一場讓人充滿挑戰與樂趣的遊戲，而且還能讓人愛不釋手與意猶未盡。

試想若將管理當成是一場遊戲，那麼會產生出什麼火花呢？以下是我的觀察與經驗：

一、啟動新鮮好玩的動機

任何一項任務，缺少動機這項元素，通常就不會有好的行為與成果。當一個人覺得自己肩負某種使命時，往往就能啟動其潛能，若能取得組織成員的關注與認同，自然而然就能激發其動

在職進修教我的18堂課

機。例如許多公益團體的志工，通常不是以賺錢當成出發點，而是以行善義舉來激發參與者的熱情，最終能眾志成城。

二、產生追逐想像的樂趣

就像是：「汪星人喜歡追飛盤，喵星人喜歡逗貓棒！」不同的遊戲規則與制度設計，會讓組織成員產生不同的「追劇效果」。因此，對於制度（關卡）的難易度設計，以及任務的挑戰性及意義感（破關），是相當重要的機制與元素。例如，分階段設定目標，逐步增加獎勵大小與種類，最後累積得大獎（例如獲得全家人整套的旅遊行程與公假）等等。

三、誘發對於獎勵的渴望

有一句警世名言說：「需要的不多，想要的很多！」而這句話隱約透露出，大部分的人，都具有想要的天性。因此，準備特別的獎勵或獎品，讓員工獲得成就感與贏的面子，是一種很大的誘因。例如，超級營業員獲得具有稀少性與專屬性的精緻彩帶（會後裱框）或超大型獎盃等等。

其實我國的統一發票對獎制度，就是一場政府精心設計的全民遊戲。政府透過統一發票的抽獎活動，鼓勵全民主動索取消費發票，來防止廠商逃漏營業稅。此舉，除了可以節省稅捐機關大筆的查稅成本，亦可充裕國庫的稅收，百姓又有機會可以抽到

1.遊戲化的管理思維

大小不等的獎金，可謂之一舉三得。據我所知，該項公共政策從1951年實施至今，從沒聽過有人抗爭。有一句諺語說的好：「戲法人人會變，巧妙各有不同。」新一代的管理者，不妨掙脫傳統的管理思維，發揮創意（玩在管理），讓管理不再只是一種嚴肅的工作。

經濟日報《管理錦囊》2022-12-28

2. 育才 養才 留才

◎鐘志明（銀行經理、大學兼任助理教授）

農曆年後，企業常會面臨一波離職潮。有人是遭同業以高薪挖角而跳槽，有人則是不滿現狀（薪資、職務、制度、環境及主管等等）而離職，原因包羅萬象。

此時人資主管多半很忙碌，必須發揮三寸不爛之舌的功力來留人。原因無他，一但離職人數過多，甚至影響到組織的正常運作，此時人資主管恐怕難逃層峰之究責。

人非聖賢孰能無過，組織亦如此，我想應該很難找到一家員工完全沒有怨言的公司。然而，員工的怨言是否全然無理？這一個疑問或假設，應該是管理者必須正視的問題。

而這些問題或是問題背後的問題，其實平常就應該解決，而不是等到領完年終獎金之後，才被員工拿來當成離職理由，或是離職談判的籌碼。以下是我多年實務經驗的淺見：

一、永續發展「育才」

組織是否建立員工教育之政策與制度？管理者應善盡教育之責，而非任其自生自滅。以國家而言，教育是百年大計，企業亦然。

員工對於組織所提供的專業訓練感受最直接，尤其涉及個人專業技能的提升，因為這一些是企業花錢，而員工個人終身受益，任誰也拿不走。

二、善用慢火「養才」

組織是否建立員工培養之政策與制度？尤其是儲備主管人選的養成。主管之選任，絕對不像菜市場買菜般，可以亂喊一通。過去我曾經共事過一位管理者，為了要留下一名超級業務員，直接晉升他為單位經理，結果不出半年，那一個單位就吃了數千萬元的倒帳。

主管的養成必須歷練與按部就班，而非急就章或是用來當成留任員工的談判籌碼。

三、對症下藥「留才」

僧多粥少，是組織架構必然的現狀。主管的職缺就是那麼幾個，理所當然必須是適才適所，故人事升遷當然不可能人人滿意。

而薪資架構與獎金制度，則需視企業的獲利狀況而定，更不是董事長一個人說了算。因此，貿然以調整薪資或獎金來留人，最後只是為日後更大的不公平種下禍根。

其實組織如果自認平日，對於「養才」與「育才」的工作，

均已投入必要之心力與經費，而且薪資待遇與獎金制度，也均能與時俱進的適時修正。那麼在面對員工提出辭呈的時候，也就不須大驚小怪或費盡唇舌，因為眼前這個人並不是公司所需要人才。就如同我在面對員工提出離職時，通常只有一句話：「祝您一路順風！」

經濟日報《職場巡禮》2023-02-10

2.育才 養才 留才

3. 人性化管理 突破盲點

◎鐘志明（銀行經理、大學兼任助理教授）

工作說明書（Job Description）與關鍵績效指標簡稱爲（KPI），是管理上常用的工具。其功能與目的，不外乎是讓組織成員，清楚了解自己工作內容、範圍及目標，同時便於進行人員績效之考核。然而，在組織當中，總是存在許多看似微不足道的「人」與「事」，並不在KPI的考核項目之中，而這些部分往往就容易形成管理上的盲點（Blind Spot）。

20年前，我曾擔任某銀行現金卡區域中心主管，有次接獲一名超級業務員（指KPI達成率300％以上員工）的具名投訴。當事人主訴其辦公室同仁，在他離開座位時，不是不幫他接聽電話，就是代接電話後不幫他留電，害他平白流失不少業績，於是我隨即指派副主管前往調查。

經查該名同仁，平日與同事相處不睦，經常趾高氣昂炫耀自己有多利害，還不忘揶揄績效較差之同仁，因此人緣極差，同事們將其評爲「人見人嫌」。而該單位A主管則礙於該員績效卓著（一人績效佔全組5成以上業績），對其行徑不但視若無睹，甚至在同仁反映此情況後，還在業務檢討會上，公開訓斥其他同仁：「我只看KPI，沒有數字就不要給我找一大堆藉口……」等語。

了解緣由後，我決定撤換A主管，換上另一名保險公司出身的B主管接替其職務。結果不出半年，該部門不但同仁相處融洽，全組業績竟然突飛猛進。經我了解後發現，B主管平日專注在人員的橫向溝通與工作的協調，而非KPI達成率的業績檢討。

　　該名超級營業員在B主管的數次懇談後，一改常態，不但經常於早會分享業務拓展的獨門秘笈，而且在領取獎金後，還大方招待辦公室同仁們喝下午茶。

　　B主管在大家不知不覺當中，化解同仁間的心結，還緩解了辦公室的緊張氣氛，甚至帶動了全組同仁的高昂士氣。事後B主管只是淡淡的對我說：「KPI雖然很重要，但是我比較在乎人。」

　　因此，我的結論是「有人性就會有數字」。KPI只是指標，不是目標，意即KPI僅是協助管理者達成目標的工具，這一點管理者應有所認知。辦公室代接電話不過是一件小事，卻讓我發現KPI雖然是績效考核的依據，惟在管理「數字」之外，尚須考量「人性」因素，以免形成管理上的盲點。

　　《韓非子・喻老》：「千丈之堤，以螻蟻之穴潰；百尋之室，以突隙之煙焚。」千里堤防因為有小小的螞蟻洞，可能會因此坍塌決堤；百尺高樓因為煙囪的裂縫冒出火星而焚毀。所以以小觀大，絕對不是大驚小怪或危言聳聽，而是真實存在我們的生活周遭，管理者宜慎思之。

經濟日報《管理錦囊》2023-02-16

3.人性化管理 突破盲點

4. 向下學習

◎鐘志明（銀行經理、大學兼任助理教授）

　　組織對於學習的規劃，一般來說，多半係以職場觀點為核心，然後向外擴散或延伸，以至於對組織成員之學習內容，大多以「職務（position）」或「職能（function）」來區分。

　　然而，此舉卻容易限制了學習者的視野，我將之稱為學習短視症（Learning Myopia）。以管理者為例，企業管理的五管（指生產、行銷、人理資源、資訊及財務管理），領域之廣，豈是管理者一人所能全通。因此，台語有一句俗話說：「功夫萬底深坑！」

　　「官大學問大」一詞，對於職場上來說，向來是部屬在茶餘飯後，用來私下譏笑主管的話題。尤其是那種「好為人師」的主管，每一件事都要裝出自己很會、很懂、很厲害，不出三句話，馬上就專家或達人上身，而且三不五時還要抽考一下身旁的部屬，以展現出自己的過人之處，當下年輕人將這種行為稱之為「刷存在感！」其實無助於管理者的學習，因此，《孟子‧離婁上》提醒後人：「人之患在好為人師。」

　　過去我在擔任銀行作業主管的時候，曾經共事過一個女同事，她沒有好口才，但總是默默做好銀行櫃台人員的工作。一回我看見她向客戶推銷儲蓄險，當時銀行局尚未規定銀行不准在櫃

台銷售保險，只見她拿出DM認真的講解商品內容，而客戶也邊聽邊點頭。

　　十幾分鐘後，客戶決定購買，此時這位女同事突然說：「不行啦！你只是聽我講，你要回家先把內容看清楚，跟你先生商量一下，決定要買再過來找我。」我在後線聽了之後，差點當場昏倒。依過去的經驗，客戶若是沒有當場簽名，通常回去之後就反悔了，當時心想：「都已經到嘴邊的肉，竟然還眼睜睜地把她推走。」

　　沒想到數日後，這名婦人竟然帶著她的先生來銀行簽保單。事後我跟同事們分享這件事，完全顛覆了我過去對於金融商品銷售的認知，讓我學習到真正的銷售不是急著成交，而是不勉強客戶，且多為客戶著想，業績自然就水到渠成。

　　身為管理者，對於「學習」這一件事，應該保持開放的心態。向部屬學習並不丟臉，除了可以豐富管理者的視野，又可以拉近與部屬的距離，更能達到激勵組織成員的效果。畢竟一個人的所學與見識有限，在心態上必須要虛懷若谷才能海納百川。

　　　　　　　　　經濟日報《管理錦囊》2023-02-24

5. 有溫度的管理

◎鐘志明（銀行經理、大學兼任助理教授）

管理（Manage）指的是在組織當中，管理者透過實施計畫、組織、領導、協調與控制等專業職能，進行協調成員間的一系列活動，進而確保目標達成的過程。過去的管理思維多半以科學觀點為取向，例如「數據」、「制度」、「標準作業流程」等等，成為最主要的成效評估方式。然而，在這些所謂科學方法的背後，卻往往容易忽略了基層員工的心理感受。

過去我曾經共事過一位銀行的高階主管，口才極好，平日經常自誇對於各種管理理論如數家珍且能倒背如流，每每將這個單位亮麗的績效表現，歸功於自己將「管理」與「領導」工具運用的出神入化，且發揮得淋漓盡致。

此時，身旁部屬再上前阿諛奉承幾句，更是樂不可支。這位長官，平日高高在上，自恃留美高學歷，遇事喜歡高談闊論，尤其對於自己過去的成功史，三天兩頭就重述一番。反倒是對待員工的態度冷淡且漠不關心，不但習慣性言語輕挑，還喜歡略帶嘲諷的開人玩笑。

有一回，因臨時趕件需要，3名女性員工配合加班到晚上10點，我向長官請示，考慮太晚下班，女性單身騎機車太危險，能否讓她們報公帳搭計程車回家。沒想到竟被狠K了一頓，外加

一句：「不是都已經有領業績獎金了嗎？志明兄，你想太多了吧！」。我只好鼻子摸著走出辦公室，自掏腰包請同仁下班不要騎機車，務必搭車回家，外加明早上班的計程車資。

探究實情是這個銀行業績獎金給的夠大方。因此，員工是在高獎金誘因的驅動下，方才創造出亮麗的業績。也就是說，這個組織的管理者與員工之間的關係，完全只是架構在「獎金」之上。後來發生金融風暴，銀行財務受到重創，獎金開始大幅縮水。於是這個部門的員工完全不留情面，開始紛紛跳槽到同業，而且還呼朋引伴，最後搞到這位長官自己也黯然辭職下台。

管理者自以為獎金是組織施給的恩惠，然而，員工根本就不領情，反而認為這是自己該得的報酬。這個感受上的落差，是員工親口告訴我。

在這些豐功偉業的數據背後，隱含著無數員工的辛勤與血汗，而這一些往往是冰冷數字或制度，所無法彰顯。其實有時候「動之以情」反而會讓人更有感。例如平日的關心與問候，傾聽與回應，那種感同身受及將心比心的互動與情份，反而會讓人感受到陣陣的暖流，這一點也是出自員工之口。

我喜歡利用午餐時光與同事們閒聊，因為這時候同仁把我當自己人而非主管，天南地北什麼話題都聊。而我也從閒聊當中，了解到同仁們的需求與感受，不斷修正與精進自己的工作方式與態度。

因此，在管理的過程中，管理者應該兼顧部屬的感受，做一個有溫度的管理者，讓管理工作不再受到一堆冰冷的數據與制度

所侷限。才不會在曲終人散、人走茶涼曲時，留下一則則員工茶餘飯後的笑柄。管理企業如此，管理國家不也是如此。

2023-02-15

6.三管齊下　留住人心

◎鐘志明（銀行經理、大學兼任助理教授）

「人」是企業組成的核心，也是企業賴以生存的基本條件之一，所以人能留下來，企業也才能成型。但員工是流動的，不可能靜止。

一般來說，衡量企業穩定性與前景的重要指標之一是看「人員流動率」（Turnover Rate），意指企業在某一期間內，員工變動數（包含離職和新進人員）與總人數的比率，百分比愈低，表示該企業人員流動率愈低，而企業的穩定性愈高。此外，離職率、留任率等，也是觀察一家企業對於人力資源管理成效的指標。

探究人員流動率偏高的原因，不外乎薪資福利、升遷、獎金、環境、主管風格、同儕關係、公司前景及穩定度，甚至組織文化或領導者性格等等。歸納後可概分為，外在的「金錢」與內在的「感受」兩類。

其實，這些問題大都是源自企業的制度與管理，建議可透過形塑「以人為本」的組織文化，來優化制度與管理措施，解決人員流動率偏高的問題。

一、傾聽取代責難

我曾服務過一家以業績高壓聞名的銀行。有一回台上的高階主管檢討績效落後時，脫口說出：「你們聽不懂人話是不是……」此時，台下業務員們嘀咕著：「你把我們當畜牲，我們當然聽不懂人話！」團隊也因此失去向心力，士氣大減。

業績不好，事出必有因。應先傾聽員工的難處或困境，協助找出真正原因，檢討改進並尋求解決之道，才能對症下藥。言語上的人身攻擊，不僅於事無補，而且容易模糊焦點徒增事端。

二、回應取代沉默

「高深莫測」是很多企業主或高階主管常見的通病。大體而言，目的只有一個，就是要讓你猜不透層峰的下一步決策。如此「上面不明講，下面只能猜」，最終整個組織只會成天以訛傳訛。

這種管理心態不僅無法解決問題，反而容易製造或加深，組織成員及部門之間的彼此猜忌或對立。對於一個正常的企業來說，只有百害而無一益。企業對於各項疑義，應主動積極回應，既可撥亂反正以正視聽，更讓當事人感受到，企業處理問題的誠意與對員工意見的重視。

三、服務取代威迫

美國電話電報公司（AT&T）前執行長Robert Greenleaf，1970年代提出「僕人式領導（Servant-Leadership）的觀點：「管理者會為他所領導的團隊服務，並將團隊裡的成員是否能持續成長及發展，當成是判斷管理者是否稱職的標準。」

先服務好內部客戶（員工），員工自然就能夠服務好外部客戶（顧客），是許多企業朗朗上口的一句口號。然而，真正執行甚至落實並不容易，尤其是在華人企業中，多數是以上對下的威權管理思維。

管理者當思過去那種透過製造壓迫感，來逼迫員工達成目標的高壓年代已經一去不復返，如果無法調整心態接受新思維，到頭來只能說是「得（人員留任）不償失（人員流失）」。

經濟日報《管理錦囊》2023-03-10

7. 組織融合 提升適配力

◎鐘志明（銀行經理、大學兼任助理教授）

過去我在擔任本土銀行信用卡部經理時，由於開辦新業務所需，透過獵人頭公司重金禮聘一位任職於外商銀行的資訊部門主管。這位主管起先表現相當稱職，卻在數個月後，開始與同儕們產生理念與口語上的磨擦，在我與副主管多次介入溝通與調停無效後，最後不歡而散，離職收場。

事後我深自檢討，為何一名專業經理人在A環境表現優異，轉換B環境後，表現卻不如預期？顯然這個案例可能存在組織行為學中的「適配」（fit）問題。

以個人與環境適配（person-environment fut，PE fit）來說，這個概念來自於以行為互動理論為基礎，主張以個體與情境之間的互動關係，來解釋行為與態度的變動。因此，若無法解決組織的適配問題，個人再強的專業技術與能力，終將難以發揮。

身為專業經理人，必須有所體認與體悟，職務調動與轉換之必然性。因此，如何養成自身對於環境與組織的適配能力，自然是身為專業經理人不可或缺的專業技能之一。

以下是我多年實務經驗的淺見：

一、設身處地，觀察組織文化

每個企業都有其獨特的信念、文化與價值觀。或許在旁人的眼中看來相當「嚴苛」，但是當事人卻將之視爲「榮耀」，我國海軍兩棲偵搜大隊隊員（蛙人）的結訓測驗便是一例。其實，「對等的互動」是理解組織文化的開始，而拉近彼此的關係，則是取得認同的起點。

二、易位思考，拋開本位主義

我過去共事一位來自A銀行的主管，只要遇到瓶頸或與人意見相左，他總說：「以前我在A銀行都是這樣做，爲什麼你們這裡就不行！」停留在過去經驗中的思維，就是本位主義。無法改變既有思維，只會造成溝通障礙。唯有站在對方立場來思考，針對問題核心來討論，才能避免組織停滯與誤解。

三、將心比心，營造融合關係

與其以「誤入叢林的小白兔」自怨自哀，還不如以「勇闖叢林的泰山」勇往直前。以現處的環境爲思考的出發點，才能營造出契合度高的互動關係。

一旦建立起良好的互動關係，自然就能夠對於所處的環境，產生出全面性的理解與認知，最後也才能發揮專業的技能與管理

7.組織融合 提升適配力

效能。組織的適配問題普遍存在，就如同來台旅遊的外國人，對於台灣的交通狀況可能會難以適應。一個稱職的專業經理人，可透過上述三種方式來融入群體，培養與提升克服適配差異之能力，自然在面對迥然相異的組織或環境時，就不會格格不入或水土不服，而是能夠從容不迫地與組織「速配」（台語）。

經濟日報《管理錦囊》2023-03-24

8. 遠距辦公 人性化管理

◎鐘志明（銀行經理、大學兼任助理教授）

對於大多數管理者來說，遠距辦公原本是一個不得已的因應措施。然而，當遠距辦公型態逐漸成為日常，新世代的管理者應該思考如何應對？此時，提升本身遠距管理（remote management）的能力，以確保遠距辦公的效能與效率，便成為一項重要的課題。

記得在疫情期間，辦公室一位同仁突然傳出確診，當時依規定必須居家隔離七天。於是我主動打電話關心，請他在家好好休息，公事不必掛心，手上的授信案，我會改派其他同事接手。沒想到他在電話的另一頭竟然說：「經理，你放心，我會準時交件啦！」我的疑問還沒說出口，他已經掛了電話。於是「居家隔離」頓時變成「居家辦公」。沒想到三天後，該件授信案竟然如期準時完成交件。

事後辦公室同仁們嘲笑我使用「智障型手機」（按鍵式手機），低估了「智慧型手機」的厲害。我心想常言道：「有心之人找方法，無心之人找藉口。」以下是我對於遠距管理的淺見：

一、信任度提升信任感：

「相信每位員工都是認真的工作」是我的前提。管理者對於員工的信任度，有助於提升員工對於公司的信任感。這就是「我為人人後，人人自然為我」的道理。公司信任員工，員工自然就會信任公司。這種正向的循環是建立在彼此互信的基礎上，一旦形成信任感，則有助於任務的推動與執行。

二、責任制驅動責任感：

把工作的內容、範圍與完成時間，交代清楚，員工就不會無所適從。目標明確就會在員工的心中產生一份責任，而這一份責任感，則會形成驅動組織成員工作的動力。

三、同理心產生認同感：

「尊重員工的做事方式」是一種同理心的展現。畢竟每個人都有自己最有效率的方法，就如同讀書一樣，有人喜歡安靜，有人沒聽廣播讀不下去。過去我曾經共事過一位主管，連員工說話的方式都要管，因此，大家都對他敬而遠之。有同理心，自然就會獲得員工的認同。

四、管理始終來自於人性：空間的距離不是問題，問題在於心靈的距離。新世代的管理者應該破除「看不見就管不著」的

迷思，一個稱職的管理者，應該是縱使自己不在工作現場，卻仍能持續發揮自己的影響力，讓組織成員能夠自動自發達成目標。《三國演義》第103回：「豈不聞：『將在外，君命有所不受。』安有千里而請戰者乎？」意思是說，將領遠征在外，可以不用等待帝王命令即可應急作戰。試想，皇帝（管理者）若沒有遠距管理的智慧與度量，那麼在遠方奮勇殺敵捨命作戰的將軍（員工），下場會是如何？

經濟日報《管理錦囊》2023-04-07

9. 翻轉管理　擺脫困境

◎鐘志明（銀行經理、大學兼任助理教授）

　　績效不彰的單位，就如同成績欠佳的學生一樣，缺乏自信且漫無目標。此時若只是一味地苛責與非難，最終只會造成士氣更加低落且績效更差。

　　在銀行業服務近30年，很幸運地有過數次肩負「轉虧為盈」任務的經歷，且幸運地最後均能順利圓滿達成。我的經驗是，績效差的單位，通常員工信心與士氣也較薄弱，大家心理上逐漸地不抱期待與希望，結果就直接反映在績效之上。此時就任的管理者，應避免以「整頓」、「收拾殘局」等負面字眼來刺激員工，這一點是完成任務的起手式。

　　「沒有人願意被人看輕，員工也是一樣」。我的經驗是，形塑出一種讓員工參與管理的氛圍，就是讓員工自己來管理自己，自己來解決自己問題的思維，而非只是期待救世主（神隊友）的降臨。這種以員工為主角的管理方式，有別於傳統以上對下的指揮管理模式，我將之稱為翻轉管理（Flip Management）。

　　歸納重點有以下三點：

一、化自卑爲自信

一個績效不彰的單位，責任絕對不在員工，但員工卻往往必須默默地承擔後果，於是「無奈感」轉變成「自卑感」。

我曾經奉派到一個長年虧損的分行擔任經理，有一位資深的同仁開門見山地問我：「經理！鹹魚翻身不也還是鹹魚，有差嗎？」我回答他：「等我們翻身之後，總行就會發現，其實是一條鱷魚。」語畢，大夥兒笑了出來，於是我們就同在一艘破船上了。

二、化被動爲主動

一個只懂得等候命令的士兵，絕對無法發揮出任何的戰力，且鬥志往往會隨著時光的消逝而銷磨殆盡。

員工不再只是扮演被動等候命令與指示的角色。而是應該鼓勵與培養他們能夠勇於主動提出想法與對策，此時，管理者只須以實際行動支持他們完成目標，這種成就感是任何獎勵都無法取代。畢竟主管只有一人，經驗與所學有限，更何況員工之中臥虎財龍，群策群力才能夠發揮團體戰力。

三、化指導爲引導

一群努力認眞而時運不濟的員工，需要能夠一展長才的舞

台，讓他們能夠在舞台上發光發熱。

　　我嘗試著不再主導與下指令，而是轉變成引導同仁們發揮創意思考，因此我常問：「如果您是經理，現在怎麼辦？因為有一天在座的各位都會成為銀行的經理，所以現在就要開始預做準備！」，結果往往就會擦出意想不到的火花。

　　有人說：「不怕神對手，只怕豬隊友」。而我的經驗卻是在翻轉管理模式之中，每位員工都有各自存在的價值，端看管理者如何發掘其優點與特長？如何發揮其專長與潛能？所以豬隊友也可以轉變成神隊友。

　　在軍隊中有句話說：「兵隨將轉」，就是這個道理。

2023-04-09

10. 建立風險意識 提升管理效能

◎鐘志明（銀行經理、大學兼任助理教授）

在日益競爭的環境下，如何提升管理效能（Management Effectiveness），是管理者關注的重要議題。管理效能所彰顯的是管理者在面對挑戰實現目標過程的綜合表現，而風險（Risk）則是其中不可忽略的挑戰項目之一。

風險指的是負面事故發生的不確定並產生損失的可能性。企業在經營的過程中，各種風險亦隨之增加與演化，這些風險輕者可能僅是影響產品的成功與否，重者則甚至可能衝擊企業的生死存亡，新世代的管理者萬萬不可等閒視之。

有回，一位就讀碩士在職專班的企業主不耐地問我：「鐘老師，你說這樣有風險，那樣也有風險，到處都是風險，那乾脆死一死了算了！」我笑著解釋道：「怕魚刺到就不吃魚嗎？就像虱目魚多刺，所以給小孩與老人吃魚時，多半就會以鱈魚或鮪魚這種少刺的魚來取代，若是堅持要吃虱目魚，則可考慮多花點錢，購買無刺虱目魚」，所以「不是叫你不吃魚，而是教你如何安全吃魚」，才是風險管理（Risk Management）。

建議管理者可透過以下三點，來建立風險的基本認知與意識：

一、看不見，不代表不存在

「風險」就如同飛機在空中航行時，肉眼看不見「航道」，卻真實存在。也因為肉眼看不見，所以必須借助科學方法與儀器來管理風險。因此，對於風險管理而言，「眼見為憑」往往已經錯失先機，就如同網路上流傳的一段順口溜：「千金難買早知道，後悔沒有特效藥。萬事皆因沒想到，萬般無奈想不到。」

二、如人飲水，冷暖自知

大凡人世間之事物，多半必須親身經歷，才能真正地體會出其中的道理，風險也是一樣。每個人或組織對於風險的敏感度（sensitivity）、胃納量（appetite）及容忍度（tolerance）也各有不同，因此無法一概而論。過理者應透過學的方法，建立適合企業本身的風險管理政策與制度，以因應未來可能面對的風險。

三、風險管理是趨吉避凶之道

管理風險的消極觀是「避凶」，意指避免或減少損失；積極觀則是「趨吉」，意指「化危機、為轉機、成商機」。就如同上例，在獲取魚類美味與營養的同時，又兼顧不被魚刺所傷，則可透過挑選魚種，或是製作成魚丸或魚鬆，以達到魚與熊掌兼得的

目標。

　　管理者在追求績效時，不可忽視風險的存在與發生的可能性，否則就如同是沙灘上的碉堡，海浪一來，頃刻就化為烏有。然而，風險辨識（risk identification）卻不容易，尤其是績效導向型（performance oriented）之管理者，往往只顧貪圖眼前的利益，而忽視風險的可能性，最終往往悲劇收場。近期美國矽谷銀行因利率風險（interest rate Risk）控管不當而破產事件，就是一個血淋淋的慘痛教訓。

　　是故，一個具備風險意識的管理者，在面對未知的領域時，常存有敬畏之心，並保持「合理的懷疑」的心態，即料敵從寬之心態，透過科學的工具與方法來進行風險管理，以確保管理效能之發揮，進而圓滿完成目標。

　　北宋宰相呂蒙正《破窯賦》：「天有不測風雲，人有旦夕禍福。」意喻世間之人事物吉凶難以預料，不可過於自信，世人應引以為警惕。

經濟日報《管理錦囊》2023-05-11

11. 三思而後行 優化管理

◎鐘志明（作者為銀行經理、大學兼任助理教授）

　　新世代管理者正面臨快速變遷的環境與人事物，想要面面俱到做好管理工作，往往必須費盡心思。雖說人是具備思考能力的動物，然而，卻也往往受制於思考方式與邏輯的不同，最後的結果也有所不同。

　　就以員工的管理來說，新世代的員工重視生活品質，而非想賺加班費。過去我曾經共事過一位銀行主管，經常將加班費視為獎賞給員工的福利，每天都拖到晚上8、9點才下班，最後不但引發員工反彈，更驚動總行人資部門立案調查，最終遭到撤換調職。

　　建議管理者可透過以下三種思維來優化管理工作，我將之稱為「三思而後行」：

一、開創視野必須要「新思」

　　實務界經常有人把「沒聽過」與「不可能」劃上等號。要知道科技日新月異，沒有不可能，只是還沒到。就以近期爆紅的ChatGPT為例，1年前誰會想到，碩博士論文可能出自於電腦軟體的手筆。

　　「沒聽過」或許是「還沒有人提出來」，而非不可能。管理

在職進修教我的18堂課

者一句不經意的不可能，只會澆熄員工的熱忱與創意。

二、聯繫溝通必須能「廣思」

「包容」各種不同的意見，才能引發多面向的思考。透過多面向的思考來增近管理者對於溝通議題的「廣度」，有助於增加不論是對下、對上及橫向之聯繫與溝通的空間，才可以避免落入過於偏執的窘境，進而縮減可溝通的空間。解決問題的方法與可行性，通常不會只有一種，不需急下定論。

管理者可適時創造「對話」的機會與空間，更多的話題自然就能延伸更多的思考與想像，進而引發令人意想不到的創意。

三、制度設計必須有「巧思」

組織之各項制度，必須保持靈活與精巧。一來不會讓人有綁手綁腳的詬病，二來讓人有耳目一新的體驗與感受。人之天性大多喜新厭舊（討厭老規矩；喜歡新事物），潮流總是容易引起人們的目光注視，因此可順應趨勢與時事，將各項制度適時修改，以貼近員工之需求，相信有「呼」則必有「應」。

最後，管理者可透過「多思」來優化管理工作，進而提升管理成效，千萬別再讓管理工作被一成不變的教條式理論與制度所限制。

經濟日報《管理錦囊》2023-06-02

12. 養成跨界整合的管理力

◎鐘志明（作者爲銀行經理、大學兼任助理教授）

過去以「專業化」（Specialization）爲主流的專才思維，在快速變遷與日益競爭的複雜環境中已逐漸式微，取而代之的是以「跨界整合」（Cross-border integration）的通才思維。

在實務界，許多解決方案正突破領域上的限制，例如透過萃抽北極魚類的耐寒DNA移植在大豆上，藉以解決農作物不耐寒的問題，即爲跨越「動物界」與「植物界」之界限，以取得截長補短之成效。

然而，管理者想導入跨界思維並不容易，一般來說會遭遇到兩個問題。其一是脫離舒適圈容易產生抗拒心理，其二是對於異質知識的接受程度不高。

建議讀者可透過以下三個提問，藉以打造跨界整合之管理能力。

【提問一】Why-爲什麼要跨界？

當管理者發現專業分工不足之處時，緊接著就必須探究這種轉變所帶來的「痛點」爲何？

例如在疫情期間，許多星級飯店紛紛轉行推出便當與外帶，

這種轉變如何因應？甚至如何貼近消費者等問題，都必須具有擺脫既有格局與跨領域的新思維。

【提問二】What-跨什麼界？

由於受到既有或僵固的認知所限，過於專注於某領域之專業，進而產生技術領域的邊界，久而久之，便容易形成「井水不犯河水」的無形疆界。若無法跨越此一疆界，就如同被既有的框架所限制，想像力與創造力將會被壓制。

如上例，植物基因改造的取材與應用即是如此。

【提問三】How-怎麼跨界？

建立「新技能」（new skill）與「新職能」（new functions），可累積跨界時之所需，其中建立全新的多元學習觀，是能否跨界的關鍵因素。藉以擺脫既有的標準作業程序或既定模式的慣性與制約，進而產生不同或是跳脫的思考邏輯。

此外，與時俱進的核心價值就是兩個字：「時」與「勢」，審時度勢加上臨機應變，代表策略必須隨時調整，資源必須快速與準確的整合。

因此，管理者必須具備將「資料」轉化成「資訊」再轉化成「資源」最後轉化成為「資產」的能力，而這些轉化的過程都必須有創意、創新以及創見，才能將痛點轉化成亮點，也才能強化

提升組織的競爭力，以因應商業環境的快速演化。

　　未來的管理知識，將不再存有邊界或界限，組織內成員不僅可以互利互惠，甚至可以共存共榮，而這些議題都是新世代管理者必須面對的現實。

經濟日報《趨勢觀察》2023-06-16

13. 管理之道 貴在安心

◎鐘志明（作者為銀行經理、大學兼任助理教授）

有一回，碩士在職專班（EMBA）的學生在課堂上提問：「鐘老師，請問您認為管理之道為何？」我戲稱管理者就像是日本卡通人物多啦A夢的口袋，隨時都有法寶可因應變局與困境，藉以安定部屬對於不確定性所產生不安與恐懼的心。而此處的安心，指的是建立部屬在心理上的安全感，沒有對錯與好壞，其實很簡單，就是有個「結論」，讓大夥兒安心，如此而已。

尤其是當組織面對困境時，最怕的就是人心浮動，一人一把號，各吹各的調，群龍無首，大家無所適從，此時此刻最容易出大事。

在銀行業有一則流傳已久的笑話，一種專門擾亂人心的主管叫「三張主管」。此主管，平日在員工面前很囂張，遇上麻煩事很慌張，在總行長官面前很緊張。這種管理者不但完全無法安定員工的心，反而經常造成員工心理上的慌亂。所以閩南語俗話說：「將帥無能，累死三軍。」

心能定，就不亂

管理者負指揮與督導之責，不論是居上位或是下屬者都需要

安心。上位處事能夠臨危不亂，冷靜化繁爲簡並且以簡馭繁。而下屬則令行穩固且二心，一個口令一個動作，展現迅速與高效的執行力，如此自然能夠確保組織目標的達成。是故，定心文化之形塑，可謂組織掌握致勝關鍵的基石。

由互動關係產生安全感

互動關係只可意會無法言傳，而互動關係之優劣，則源自於員工的親身感受。「傾聽」是促進員工互動的起點，而「關係」則是日積月累的互信互諒與相知相許。要能夠上下一心，必須先有安全感作爲支撐，組織成員之間，方能知無不言言無不盡。

安全感質變成信任感

職場多年的經驗顯示，員工的安全感越高，對於管理者的信任感就越高，信任感越高則向心力自然越高，可謂環環相扣。部屬對管理階層有信任感，自然無畏流言蜚語或責難，對於組織之諫言，自然就能夠知無不言言無不盡，否則遇事唯唯諾諾，實情無法上達，長久以往終必釀禍。

「帶兵帶心」是軍隊中一句耳熟能詳的提醒。帶心之後方能同甘共苦榮辱與共，最後達到上下一心的境界，則攻無不克戰無不勝。

唐宋八大家之一的北宋文學大儒蘇洵在《心術》提出：「爲

將之道，當先治心」，原意係指作爲一個將領，應當先修養自己的心性。而筆者將之延伸爲除了治己之心，亦須治下屬之心。因此，充分理解與掌握部屬的心理狀態，對於管理者來說，如同治己一樣重要。

2023-06-16

14. 差異化管理 降低風險

◎鐘志明（作者為銀行經理、大學兼任助理教授）

「從差異中找意義」是我的指導教授李慶芳，當年在我讀博士班時常提點的一句話。這個提醒對於我的影響，多年來從課堂一直延伸到業界，養成了我細心觀察的習慣。

實務上，這些差異之處，經常潛藏著許多風險與危機，管理者若未能及時覺察，則很容易錯失處理先機，進而造成憾事。

發生在1995年，南韓最著名、最富麗堂皇的三豐百貨倒塌事件，20秒內五層高的百貨大樓被夷為平地，即是管理者忽略五樓地板與承重柱銜接處已發生裂痕的嚴重性，最後大樓不堪負荷而倒塌，造成502人死亡、937人受傷的慘劇。

學理上，差異化管理（Difference Management）之面向眾多，本文則專注於存在組織當中對於人、事、物差異之處的管理，舉凡計畫（想法）與實際（作法）之落差、作業程序不一處、特別突出之處、異於常態，以及見解或意見不同之人等差異，將之歸納後概稱為「與眾不同」（different）。

一、關注與眾不同之處

管理者於日常應關注組織之中與眾不同處，例如我國衛生福

利部疾病管制署所頒布之「登革熱（屈公病）防治工作指引」規定，校醫護人員如發現學童「病假人數增加時」，應通報轄區衛生局（所），建立病例監測機制，以利衛生單位儘速掌控疫情，及早採取必要的防疫措施。

二、思考為何與眾不同

之所以會與眾不同，事出必有因。以銀行的放款業務來說，有人業績特別好，有人業績特別差，都是身為業務管理者應該關注的對象。

探究背後原因，放款業績好，事後呆帳多，代表可能放款程序不夠嚴謹，亦可能過度以業績為導向，而忽略授信風險等等，這些業績好的假象，對於銀行來說反而是一種傷害。

三、與眾不同有何不可

在組織之中，難免有人獨樹一幟，或是見解不同。三國時代魏人李康《運命論》有云：「木秀於林，風必摧之……」意思是說，一棵樹高於整個樹林，定會先遭大風吹倒，藉此告誡人們不要太過出風頭，以免惹禍上身。然而，一個組織若是人人皆有此心態，最終將不自知地落入一言堂之窘境。

因此，身為管理者應有容人的雅量，與眾不同也可能是見解獨到，反對意見則可能是善意提醒，甚至是真知灼見，能否把

「異見」當成「意見」，往往代表著一個領導者的胸襟與氣度。

　　漢代袁康《越絕書》：「故聖人見微知著，睹始知終。」意指看到事情的微小跡象，就能知道它顯著的發展趨勢。新世代管理者在日理萬機之餘，建議多觀察與留意與眾不同之處，適時進行差異化管理。正所謂「差之毫釐，失之千里」，即使細小的失誤，也會導致巨大的差錯。

經濟日報《管理錦囊》2023-07-05

國家圖書館出版品預行編目資料

在職進修教我的18堂課／鐘志明 著. --初版.--臺
中市：白象文化事業有限公司，2023.11
　　面；　公分.
ISBN 978-626-364-132-7（平裝）
1.CST: 在職教育 2.CST: 職場成功法
494.386　　　　　　　　　　　112016002

在職進修教我的18堂課

作　　者　鐘志明
文字校稿　葉寶慧
發 行 人　張輝潭
出版發行　白象文化事業有限公司
　　　　　412台中市大里區科技路1號8樓之2（台中軟體園區）
　　　　　出版專線：（04）2496-5995　　傳真：（04）2496-9901
　　　　　401台中市東區和平街228巷44號（經銷部）
　　　　　購書專線：（04）2220-8589　　傳真：（04）2220-8505
專案主編　李婕
出版編印　林榮威、陳逸儒、黃麗穎、水邊、陳婉婷、李婕
設計創意　張禮南、何佳諠
經紀企劃　張輝潭、徐錦淳、張馨方、林尉儒
經銷推廣　李莉吟、莊博亞、劉育姍、林政泓
行銷宣傳　黃姿虹、沈若瑜
營運管理　林金郎、曾千熏
印　　刷　基盛印刷工場
初版一刷　2023年11月
定　　價　320元

白象文化　印書小舖　出版・經銷・宣傳・設計
www.ElephantWhite.com.tw　PressStore　自費出版的領導者　購書 白象文化生活館